大数据技术丛书

BIG DATA
SERIES

# Calcite 数据管理实战

刘钧文　悟初境　孙潇俊◎著

人民邮电出版社

北　京

**图书在版编目（ＣＩＰ）数据**

Calcite数据管理实战 / 刘钧文，悟初境，孙潇俊著
. -- 北京 ：人民邮电出版社，2022.4（2023.3重印）
（大数据技术丛书）
ISBN 978-7-115-57773-3

Ⅰ．①C… Ⅱ．①刘… ②悟… ③孙… Ⅲ．①关系数
据库系统 Ⅳ．①TP311.138

中国版本图书馆CIP数据核字(2022)第000021号

## 内 容 提 要

Calcite 是一款开源的动态数据管理框架，其目标是一种方案适应所有需求场景，能为不同计算平台和数据源提供统一的查询引擎，它对于没有高并发、低延时的多数据源间的数据管理有着天然的优势，是解决多数据源统一管理问题的利器。

本书围绕 Calcite，结合其数据库基础知识、核心理论以及相关的项目实践情况，从 SQL 的解析、校验、优化、执行等流程，对 Calcite 组件进行介绍。同时本书为部分章节配置对应的代码和实例，帮助读者加深理解。

本书内容由理论到实践，将源码解析与实际案例相结合，可以作为 Calcite 新手的入门图书以及快速上手的参考书，也可以作为大数据开发人员和从业人员的学习用书，还可以作为相关培训机构以及高等院校的教学用书。

- ◆ 著　　　 刘钧文　悟初境　孙潇俊
　　责任编辑　郭　媛
　　责任印制　王　郁　焦志炜
- ◆ 人民邮电出版社出版发行　北京市丰台区成寿寺路 11 号
　　邮编　100164　 电子邮件　315@ptpress.com.cn
　　网址　https://www.ptpress.com.cn
　　北京天宇星印刷厂印刷
- ◆ 开本：800×1000　1/16
　　印张：15.75　　　　　　　　　 2022 年 4 月第 1 版
　　字数：315 千字　　　　　　　 2023 年 3 月北京第 2 次印刷

定价：89.90 元

读者服务热线：(010)81055410　印装质量热线：(010)81055316
反盗版热线：(010)81055315
广告经营许可证：京东市监广登字 20170147 号

# 推荐辞

SQL 查询优化是数据库这一软件行业"皇冠上明珠"最精彩的部分,也是最具挑战性的部分,故而一直是学术界和工业界研究的重点领域之一。随着开源的流行,业内出现了多款开源查询优化器,其中 PostgreSQL 的查询优化技术一直是开源数据库中的佼佼者。近年来又出现了多个独立的开源查询优化器项目,譬如 Greenplum Orca、Apache Calcite 等。Apache Calcite 因 Apache 开源基金会的完善生态而快速流行起来,成为很多新兴数据库的优化器之选。这本书系统介绍了查询优化器和 Calcite 的内部实现机制,将查询优化理论和代码实践结合起来,深入浅出,非常值得阅读。

——姚延栋,四维纵横创始人,Greenplum 中文社区创始人,PostgreSQL 中文社区常委

层出不穷的创新场景,使数据库从单一品类一统天下朝着碎片化的趋势急速转向。面向异构数据源的联合查询,已经受到越来越多的开发者关注。

Apache Calcite 将查询优化器这一数据库领域的技术壁垒,抽象成可供开发者使用的基础组件,极大地降低了自研查询引擎的难度。除此之外,它还提供了可灵活扩展的 SQL 解析器和存储适配器,提供更加便捷的一站式使用模式。

对于数据领域的开发者来说,Apache Calcite 是必不可少的利器。越来越多的开源和商业项目使用它构建自己的查询体系,其中也包括我所创业的项目 Apache ShardingSphere。

非常开心能在这个时间节点看到这本著作,它不但能够为 Apache Calcite 的初学者提供体系化的学习资料,也能够作为克服 Calcite 陡峭的学习曲线的指路明灯。

——张亮,Apache ShardingSphere 项目主席,SphereEx 公司创始人

通读本书,满目珠玑,常有醍醐灌顶之感。这本书从大处着眼,小处着手,通过源码与实战案例的结合,介绍了 Calcite 基础和 Calcite 的服务层、校验层、优化层等核心内容。不同需求层次的读者都可在这本书中找到属于自己的"宝藏"。请不要错过,相信你一定会受益良多!

——林春,某数字金融有限公司首席数据库专家

大数据时代，越来越多的计算引擎将 Calcite 作为其 SQL 解析与处理引擎，如 Hive、Drill、Flink。Apache Calcite 在数据管理方面拥有着得天独厚的优势，它能为不同的计算引擎和数据源提供统一的查询，并提供一站式的解决方案。这本书从 SQL 的解析、校验到优化，层层递进，深入浅出，非常值得数据领域开发者和大数据从业者深入研究和学习。

——冯若航，PostgreSQL 中文社区开源技术委员会委员

# 序 一

我在 2005 年加入 IBM 中国开发实验室，在实验室从事过 8 年数据库引擎研发，同时为国内银行、电信等重要客户提供数据库设计开发和运维服务。我在 2014 年加入中信银行数据中心，带领团队承担全行的数据库运维管理职责。由于我的数据库工作经历，我深刻意识到：当前以金融科技为代表的重大技术变革已经深入并改变了整个行业。这在很多方面都有明显的体现，例如与开发相关和基础环境相关的技术体系和架构、分布式技术、云计算技术、大数据技术等新一代技术已经在银行业落地生根；而科技基础设施方面，正在从以 IOE 为代表的传统技术架构（以 IBM 为代表的主机，以 Oracle 为代表的关系型数据库，以 EMC 为代表的高端存储设备）转向以各种分布式技术、开源技术为主体的开放性架构，其中数据库始终是这一过程中最困难的一项。

但是，在数据库技术变革的过程中，万变不离其宗，不同的数据库都提供了对标准 SQL（Structured Query Language）的支持。它最早是 IBM 圣约瑟研究实验室为其关系数据库管理系统 SYSTEM R 开发的一种查询语言，它结构简洁，功能强大，简单易学，所以自从 IBM 公司 1981 年推出以来，SQL 得到了广泛的应用。如今无论是像 Oracle、IBM Db2 等这些大型的数据库管理系统，还是像阿里 OceanBase、中兴通讯 GoldenDB、华为 GaussDB 等分布式数据库，都支持 SQL 作为查询语言。

目前，美国国家标准局（ANSI）与国际标准化组织（ISO）已经制定了 SQL 标准。SQL 之所以能成为国际标准，其中重要的原因在于 SQL 是高级的非过程化编程语言，允许用户在高层数据结构上工作。它不要求用户指定对数据的存放方法，也不需要用户了解具体的数据存储方式，所以具有完全不同底层结构的不同数据库系统可以使用相同的 SQL 作为数据输入与管理的接口。

Apache Calcite 是一个开放源代码动态数据管理框架，该框架已由 Apache 软件基金会许可，并使用 Java 编程语言编写。作为一款开源 SQL 解析工具，它一方面极大地降低了开发人员运用 SQL 的入门门槛；另一方面，它实现了自己的 SQL 查询优化模型，方便不同数据源的数据查询和计算。

本书作者刘钧文、悟初境、孙潇俊具有丰富的从业经历，一直从事 Calcite 相关的技术工作。特别是钧文，我和他在第十二届中国数据库技术大会（DTCC2021）上相识，通过交流，我发现钧文性格开朗，好学上进，特别是精通 Calcite 的底层技术，这本书也体现了作者在这方面拥有的极其难得的经验和知识。

今天，国内已经有越来越多的技术人员在使用 Calcite，这本书值得广大从业人员学习和借鉴，希望这本书能成为广大读者的良师益友，为你答疑解惑，点亮前进之光。现在，有幸先读并写下感想，特此推荐给大家。

中信银行数据库团队负责人
王飞鹏
2021 年 10 月 24 日

# 序　二

在学生时代，就听说几大传统关系数据库管理系统产品不可替代，其中一个重要因素就是它们积累了深厚的查询优化技术功底。如果仔细翻阅数据库管理系统的教材，还会看到联邦数据库等内容。

2011 年，我参与了国家"核高基"重大专项《非结构化数据管理》，当时的一个关键任务就是如何能够支持多种数据源的查询优化，并支持 OLTP 和 OLAP 等功能丰富的查询。在亲手编写了数据库管理系统的查询引擎后，我更加深刻感受到查询优化器的功能丰富与实现不易。后来，在一系列纵向课题中依然出现诸如"多源异构数据管理"的关键词和任务。这让我十分期待一个成熟、丰富的查询优化器组件。

随着 Apache Hive 等项目对 SQL 查询优化器实现的不断完善，Apache Calcite 的大名也开始越传越远。这样一个组件的诞生，最大限度避免了各个项目在查询优化器部分"重复造轮子"；同时，通过开源协作，功能越来越丰富的 Calcite 简直可以成为学生学习数据库查询引擎原理的重要工具。

2019 年，我请组里学生开始尝试使用 Calcite 为时序数据库 Apache IoTDB 提供关系模型与标准 SQL 接口，才发现彼时尚无完整、全面的 Apache Calcite 中文图书。后来，钧文告诉我他们撰写了 Apache Calcite 数据管理一书，我认为这本书出现得可谓及时。

Apache Calcite 很好地总结并吸收了过去数十年来的优秀数据库查询技术，同时也为一系列数据存储引擎、数据中台软件提供了一种增强与集成方式。期待这本书能让读者走近数据库查询引擎，走出"重复造轮子"的怪圈，走入高效多源异构数据管理的新时代。

清华大学助理研究员，中国通信学会高级会员，大数据系统软件国家工程实验室成员

黄向东

2021 年 10 月 23 日

# 前　言

## 为什么要写这样一本书

在当前数字化的浪潮中，各行各业都在经历现代数字技术的洗礼。在这个过程中，一方面，数据的规模在急剧扩大，另一方面，数据在不断集成。原先数据分属于不同的公司、不同的部门，但如今，为了能够更为有效地支持上层越来越复杂的业务需求，往往需要将大量不同类型的数据库"捆绑"在一起使用，这样会导致"缝合"成本非常高，软件工程师需要适配不同类型的接口，开发进度慢，而且代码难维护，bug 频出。

这些问题在智慧城市这个领域显得尤为突出，因为在相关的数字基础设施建设中，往往需要将政府相关部门的数据、公司的用户数据、外部的开源数据进行集成。一方面，它们的数据量非常大，而且增长迅速，实时动态更新；另一方面，它们的数据结构是非常多样的，有传统的表格数据、描述地理位置的空间数据、记录声音的音频数据、记录图像的数据以及视频数据等。在以往每一种数据都由专门的数据库来存储和管理，但是如今需要快速搭建一个集成系统来对这些数据进行存储和管理，而搭建这样的系统并非易事。

作为智慧城市领域的从业者，我们在实际的开发工作中，同样会面临这样的问题，在反复的"挣扎"中，也一直希望能够有一个组件，一方面可以对接多种数据源，满足我们实际的业务需求；另一方面只暴露一个统一的接口，让开发人员不必再纠结于各种各样的数据读写方式。

Calcite 无疑就是这个问题的答案，一方面，它使用关系代数这个经过验证的数据管理模型，使我们能够通过最普通的 SQL 来对它进行调用；另一方面，它提供插件化的配置方式，能够允许我们很快地接入大量异构的数据源。除此以外，Calcite 是用 Java 编写的，对很多软件开发人员来说，这无疑是一个福音。因为很多主流后端框架也是使用 Java 来进行开发的，所以 Calcite 可以非常方便地集成到里面。

虽然 Calcite 本身价值很高，也成为很多开源组件（例如 Hive、Flink 等）的查询优化核心，但是因为其与传统互联网业务"距离"较远，从业人员并未对其予以足够重视。这样就导致，当业务突然变得非常复杂时，软件工程师只能不断"缝合"新的数据源，最终难以管理庞大的项目。因此我们认为，写这样一本介绍 Calcite 的书，将它推荐给更多的软件工程师，是可以帮助他们解决很多实际问题的。

除了希望能够帮助软件开发人员快速上手，我们更希望能够帮助软件工程师、高校的学生以及相关的研究人员更加深入地了解 Calcite 的原理。对软件开发人员来说，将原理理解透彻，能够帮助他们找到更好的系统优化方案；对学生来说，通过结合 Calcite 来学习原理，能够增进对数据库的理解；对相关研究人员来说，不仅能够找到更多研究角度，也能够以更快的速度来搭建原型程序，展示研究成果。

由于书中涉及的知识点较多，难免有疏漏之处，欢迎广大读者批评、指正，并多提宝贵意见。

## 内容导读

本书分为 3 个部分。

第一部分：历史背景、基础理论与入门（第 1 章～第 4 章）。

第二部分：分章介绍 Calcite 的各个模块（第 5 章～第 13 章）。每一章都穿插代码实践，建议读者结合附书代码完整运行一遍。

第三部分：Calcite 在开源项目中的使用（第 14 章）。

建议读者先阅读第一部分，以对 Calcite 的历史有简单的了解。第二部分中，第 5 章～第 9 章属于核心内容，建议读者按顺序阅读；第 10 章～第 13 章属于 Calcite 的扩展功能，读者可以按需阅读。最后一部分相对独立，有少量开源组件的源码分析，需要读者具备一定的 Calcite 基础和使用经验。当然，假如你阅读某些章节遇到问题，可以很容易地找到前置知识，书中会有相应的提示。

附书代码是一个 Maven 项目，按照章分成多个模块，每一章可能有多个子模块。将项目子模块导入类似 IntelliJ 的 IDE 即可自动构建。

第 1 章介绍 Calcite 的发展历史。数据库已经存在很长时间，但在数据管理和大数据的发展过程中，多源数据融合的问题凸显。所有数据都可以通过 SQL 来查询，却缺少一个能够统一多个数据源的框架，由此 Calcite 应运而生。基于十几年的发展，Calcite 已经应用到多个主流开源软件，逐渐趋于成熟和稳定。

第 2 章从架构层面对 Calcite 进行简单的讲解。Calcite 聚焦 SQL 的查询优化，同时基于适配器模式接入各种数据源。除此以外，Calcite 还支持流式查询。Calcite 虽然是一个框架，不过借助周边生态，从 Avatica 搭建服务到各种语言的客户端，可以很快"拉起"一套服务。不管是独立运行，还是作为依赖的工具库，其运行流程都很简单、清晰。

第 3 章相当于 Calcite 快速上手"教程"。我们从使用者和开发者角度分别给出示例。使用者可以通过 SQLLine 命令行工具快速接入 CSV 数据，利用 SQL 对这些数据进行操作，对于"尝鲜"的用户非常方便。对开发者来说，通过配置元数据和数据源等信息，让 Calcite 能够对 CSV 文件进行查询。

第 4 章讲述数据库查询优化的理论基础。从数据库优化器的整体结构出发，分为语法解析、元数据校验、逻辑计划优化、物理计划优化、物理执行几个部分。逻辑计划优化基于关系代数，本质是集合关系的操作，常见的逻辑计划优化为谓词下推、常量折叠、列裁剪和条件简化；物理计划优化与硬件资源和数据集大小相关。本章主要讲解优化部分的理论基础，熟悉这部分内容的读者可以选择性阅读。

第 5 章对 Calcite 的服务层进行介绍。服务层的任务就是担任接收请求的常驻服务，主要由 Avatica 模块承担这个工作。因此，我们对 Avatica 的 RPC 架构进行源码分析，理解它是如何实现 JDBC 框架的，并尝试其 3 种鉴权方式。数据库的访问不是直接调用后端接口数据那么简单，还需要针对不同语言封装对应的接口。所以我们介绍 Java 和 Python 语言的客户端驱动以及如何通过自定义客户端来专门访问 Calcite。除此以外，Calcite 也支持命令行的访问方式。

第 6 章介绍 Calcite 的解析层，该层是 Calcite 不可缺少的部分。本着不"重复造轮子"的原则，Calcite 采用业界比较成熟的 JavaCC 来进行解析器的生成。虽然 Calcite 官方只使用了 JavaCC，但是我们会介绍另一个使用更广泛的解析框架 Antlr，并且使用 2 种框架来实现同样的示例。这样做一方面是为了说明 Calcite 本身的扩展性，另一方面是为了给读者提供更多的选择。最后我们将 JavaCC 和 Antlr 进行对比。读者可以按需选择适合自己的解析框架。

第 7 章介绍 Calcite 的校验层。所谓校验，就是结合元数据来发现 SQL 语句中的语义错误。因此，本章分为 2 个部分，首先是元数据定义，主要讲述 Calcite 的元数据模型；然后是 Calcite 的校验流程，先从源码层面分析校验的基础，然后以一个例子分析校验流程。通过本章的学习，我们才能得到相对正确的 SQL 语法树，并将其交给优化层优化。

第 8 章介绍 Calcite 的优化层，该层是 Calcite 最核心的部分。SQL 执行速度的快慢，很大程度取决于查询优化结果的好坏。本章从理论和实践出发，一步步将优化的细节展示出来。如何对算子树进行规则优化，再进行代价优化，这些问题都会在本章给出答案。同时，本章将深入地解析 Calcite 优化的源码，并给出自定义优化规则的方式，读者可以根据自己的应用场景扩展优化功能。

第 9 章介绍如何在 Calcite 中接入新的数据源，这也是 Calcite 的一个亮点。只要编写一个适配器，就能对数据进行 SQL 操作，官方已经提供了不少数据源的适配器。本章以不同结构的数据源为例详细描述接入步骤。首先介绍键值数据库的代表 Redis，然后介绍关系数据库的代表 PostgreSQL。后者因为支持复杂的 SQL，所以需要编写更多代码实现谓词下推；而 Redis 本身不具备过滤功能，只能在内存里运算。本章最后描述了 Calcite 是如何利用动态代码生成技术完成执行操作的。

第 10 章介绍 SQL 扩展功能，这实际上是介绍 SQL 支持的更复杂的功能，主要包括用户自定义函数、用户自定义聚合函数、用户自定义表函数。本章会对每种函数进行详细的介绍，并且描述自定义的方式。

第 11 章介绍空间数据查询，这是 Calcite 后来支持的功能，也是随着时空数据的发展，逐步将 GIS 相关的查询融入数据库的结果。Calcite 遵循 OGC 标准，实现了该标准的部分函数。对于 Calcite，无非就是增加一些空间数据类型，所以本章着重说明 Calcite 中如何扩展数据类型，对于想深度改造 Calcite 的用户会有帮助。

第 12 章介绍流式处理，这是 Calcite 扩展功能中的一个亮点。流式处理是随着实时和流式场景的出现而发展起来的，不过 Calcite 对流式的查询刚刚开始，还未达到生产条件，所以读者将之作为一个可以尝鲜的功能进行了解即可。

第 13 章对视图进行说明。视图在 Calcite 中相当于逻辑表，与传统数据库中的视图定义无异。同时 Calcite 也支持物化视图，不过笔者未发现项目对 Calcite 的视图功能的广泛应用，从实现来看其视图也并不成熟。

第 14 章介绍 Calcite 在开源项目中的使用方法。为了帮助读者更方便地理解在具体项目中如何使用 Calcite，本章分析 3 个开源项目——Hive、Kylin 和 Flink，它们都使用 Calcite 作为查询优化的核心模块。其中 Hive 主要面向的是离线数仓的应用场景，Kylin 主要面向的是多维数据分析场景，Flink 主要面向的是实时数仓的应用场景。读者可以尝试深入分析它们的源码，会有惊喜发现。

正如计算机最常见的分层架构，我们也是一层层地讲解 Calcite 的实现过程。阅读本书最重要的是结合源码分析，因为数据库的很多理论知识是非常抽象的。不过 Calcite 作为一款优化器框架，其源码也非常具有学习价值。同时，实践也是必不可少的。希望在学习本书并将 Calcite 应用付诸实践后，读者能够解决数据源统一管理的问题，助力企业数字化转型。

# 致谢

　　本书是整个编著团队通力合作的结果，并由我们三人共同撰写。此外，京东城市时空数据引擎团队的李瑞远、隋远、吴伟、谭楚婧、刘京晖、王顼、刘菲、胡建、朱浩文、王如斌、何天赋、何华均、俞自生、刘军、刘宏阳、任慧敏等也对这项工作提供了帮助，在此一并致谢。

刘钧文，悟初境，孙潇俊

2021 年 9 月 3 日

中国　北京

# 资源与支持

本书由异步社区出品，社区（https://www.epubit.com）为您提供相关资源和后续服务。

## 配套资源

本书提供代码仓库文件，要获得以上配套资源，请在异步社区本书页面中单击 `配套资源` ，跳转到下载界面，按提示进行操作即可。

## 提交勘误

作者和编辑尽最大努力来确保书中内容的准确性，但难免会存在疏漏。欢迎您将发现的问题反馈给我们，帮助我们提升图书的质量。

当您发现错误时，请登录异步社区，按书名搜索，进入本书页面（见下图），单击"提交勘误"，输入错误信息，单击"提交"按钮即可。本书的作者和编辑会对您提交的错误信息进行审核，确认并接受后，您将获赠异步社区的 100 积分。积分可用于在异步社区兑换优惠券、样书或奖品。

## 扫码关注本书

扫描右侧的二维码，您将会在异步社区微信服务号中看到本书信息及相关的服务提示。

## 与我们联系

我们的联系邮箱是 contact@epubit.com.cn。

如果您对本书有任何疑问或建议，请您发邮件给我们，并请在邮件标题中注明本书书名，以便我们更高效地做出反馈。

如果您有兴趣出版图书、录制教学视频，或者参与图书翻译、技术审校等工作，可以发邮件给我们；有意出版图书的作者也可以到异步社区在线提交投稿（直接访问 www.epubit.com/selfpublish/submission 即可）。

如果您所在的学校、培训机构或企业想批量购买本书或异步社区出版的其他图书，也可以发邮件给我们。

如果您在网上发现有针对异步社区出品图书的各种形式的盗版行为，包括对图书全部或部分内容的非授权传播，请您将怀疑有侵权行为的链接发邮件给我们。您的这一举动是对作者权益的保护，也是我们持续为您提供有价值的内容的动力之源。

## 关于异步社区和异步图书

"**异步社区**"是人民邮电出版社旗下 IT 专业图书社区，致力于出版精品 IT 图书和相关学习产品，为作译者提供优质出版服务。异步社区创办于 2015 年 8 月，提供大量精品 IT 技术图书和电子书，以及高品质技术文章和视频课程。更多详情请访问异步社区官网 https://www.epubit.com。

"**异步图书**"是由异步社区编辑团队策划出版的精品 IT 图书的品牌，依托于人民邮电出版社近 40 年的计算机图书出版积累和专业编辑团队，相关图书在封面上印有异步图书的 LOGO。异步图书的出版领域包括软件开发、大数据、人工智能、测试、前端、网络技术等。

异步社区

微信服务号

# 目　录

# 第1章

# Calcite 的前世今生

20 世纪 40 年代以来，人类逐渐进入"信息化时代"，数据管理和应用技术层出不穷。随着人类社会的不断发展，人们对于数据管理的需求在不断变化，相应的数据管理技术也在不断发展。从早期使用文件来进行数据管理，到后面的单机版关系数据库的出现，接着为了应对海量数据的管理而出现了分布式数据管理系统，再到如今的多元数据融合。每一次技术更迭，都能够听到人类社会发展的脚步声。

然而，到如今，随着各行各业逐渐走上数字化转型的道路，原有的技术陷入非常多的困境。一方面，需要将原有的千奇百怪的数据结构进行统一，使其在共同框架下进行更为复杂的计算；另一方面，需要让更多的人能够利用通用的数据操作方式来进行数据的计算和管理。

对于解决这些问题，Calcite 做出了非常重要的贡献。一方面，Calcite 可以对不同的数据源进行统一的管理；另一方面，它利用结构化查询语言（Structured Query Language，SQL）这种非常简单的数据操作语言，非常便捷地实现对不同数据源的统一计算和管理。

作为时空数据引擎的开发人员，我们经常会接触到不同行业的数据，按照很多传统的组件，往往需要对不同行业的数据进行单独的处理，非常麻烦。而接触 Calcite 以后，我们瞬间就被其便捷性、扩展性深深吸引，有时甚至会拍案称奇。那么 Calcite 究竟是什么呢？它在数据管理的历史长河当中扮演了什么样的角色呢？看官莫慌，且听我们细细道来。

## 1.1 数据管理系统的发展历史

数据管理系统是人们用来组织、存储和检索数据的技术。人们管理和存储数据最早是使用"打孔卡"的方式来实现的。图 1-1 展示了在 IBM 402 上使用的穿孔卡片，其历史可以追溯到 100 多年以前。1890 年，赫尔曼·霍利里思（Herman Hollerith，见图 1-2）将打孔卡与织布机结合，用作机械制表机的存储器，至此数据库诞生了。

图 1-1　在 IBM 402 上使用的穿孔卡片　　　　　　图 1-2　赫尔曼·霍利里思
（源于快科技网站）　　　　　　　　　　（源于 UC 电脑园网站）

　　在数据库的发展过程中出现了非常多优秀的数据库产品，比如 Oracle、MySQL、PostgreSQL 等。

　　随着数据量的不断增加，数据结构变得越来越多样，传统的关系数据库面临巨大的挑战。为了管理海量的非结构化数据，NoSQL（Not Only SQL，泛指非关系数据库）数据库出现了。NoSQL 数据库有速度快和使用灵活等特点，它们在很多非表格类场景当中，往往比传统关系数据库更可取。甚至在表格类数据超出一定数据量以后，传统关系数据库无法满足应用需求，需要使用 NoSQL 数据库来替换。在这个背景之下，针对不同业务场景的 NoSQL 数据库产生了，有基于 Hadoop 分布式文件系统（Hadoop Distributed File System，HDFS）的键值数据库 HBase，有面向全文检索场景的 Elasticsearch，有文档数据库 MongoDB，等等。现在的关系数据库和 NoSQL 数据库俨然已经成为两大阵营，都有其具有代表性的产品。图 1-3 展示了关系数据库和 NoSQL 数据库的产品。

图 1-3　关系数据库和 NoSQL 数据库的产品

## 1.2 当前数据管理系统的困境

如今，情况又发生了非常大的变化。随着各个行业数字化转型脚步的加快，原有不同行业内部使用的数据管理系统面临整合，其中的核心是如何让开发人员便捷地整合不同结构的数据，完成查询和计算任务。

在这个大背景下，Calcite 作为一个支持多种数据源进行统一查询和计算的数据库优化器，迅速地脱颖而出。一方面，Calcite 使用 SQL 作为与开发人员进行交互的查询语言，极大地降低了开发人员的入门门槛；另一方面，它实现了自己的查询优化模型，数据源可以作为插件灵活地注册到其中，实现不同数据源的数据查询和计算。因此，很多有影响力的开源数据仓库（后文简称数仓），例如基于 MapReduce 的离线框架 Hive，主打实时数据处理的 Flink，等等，都用 Calcite 作为自身查询优化的核心组件。

而且，当今的软件生态中，开源项目逐渐成为主流。所谓开源，不仅指软件源码的开放，还指活跃的社区、更高的关注度、更广泛的传播。Calcite 作为 Apache 软件基金会的顶级项目之一，无疑已经成为开源生态项目当中的佼佼者。依靠其强大的功能，Calcite 不仅支持了 Hive、Flink 等开源组件的核心功能，也支撑了诸如阿里巴巴集团的 MaxCompute、腾讯公司的 SuperSQL 等商业产品，进一步走入万千企业。

## 1.3 Calcite 简史

说起 Calcite，不得不提及它的创始人朱利安·海德（Julian Hyde），他在多家数据平台公司都有非常亮眼的工作经历。他曾经是 Oracle 和 Broadbase 公司 SQL 引擎的主要开发者、SQL Stream 公司的创始人和主架构师、Pentaho BI 套件中 OLAP（Online Analytical Processing，联机分析处理）部分的架构师和主要开发者。除此以外，他还是开源数据库的爱好者，主导开发了很多关于数据库的开源组件。无疑 Apache Calcite 是其中最为耀眼的一个，无论是项目的功能性、成熟度，还是行业的影响力，Calcite 都表现得非常出色。

### 1.3.1 发源时期

Calcite 的发展是一个很漫长的过程，根据 Calcite 早期的一次技术分享内容，其根源可追溯到一款面向 OLAP 的数仓——LucidDB。它是一款面向列存储，利用 Bitmap（位图算法）构建索引，支持基于哈希算法的连接和聚合功能以及页面级别的多版本控制的开源产品。这款产品最早发布的版本是 2005 年 7 月 7 日的 eigenbase_r0.5.0，到 2012 年已经停止维护。作为一款商业智能（Business Intelligent，BI）产品，它能够支持海量数据导入、索引和查询。但是随着大数据生态的不断变化以及开源生态的蓬勃发展，LucidDB 逐渐没落。我们认为很重要的一个原因是其很多模块都选用了具有强传染性的 GPL（GNU General Public License，GNU 通用公共许可证）2.0 协议，"闭源"色彩较浓，因此逐渐失去了在业界大范围传播的机会。

LucidDB 虽然没落了，但是其选用的优化组件 Optiq 却走出了不一样的道路。Optiq 的意思是"优化"，也表明了其核心功能。它是一款使用 Java 开发的基于关系代数（Relational Algebra）理论的数据库查询优化器，也是朱利安·海德个人主导的一个项目。为了达成查询优化功能的内聚，Optiq 实现了如下特性：

- 没有内置存储；
- 没有内置元数据；
- 需要有查询计划引擎；
- 实现关系代数操作；
- 可扩展优化规则的接口；
- 可扩展的 SQL 解析以及校验接口。

这些特性一直沿用至今，成为 Calcite 当前非常重要的核心特性。在当时 Optiq 社区开发人员的不断努力下，Optiq 已经可以支持多种数据源，例如 Drill、Lingual、CSV、MongoDB、Spark、Splunk 等。随着 Optiq 功能的不断完善，它也获得了越来越多用户的认可，在很多有影响力的技术会议中都进行了相应的技术分享，例如 2012 年的 Splunk 用户大会（Splunk User Conference）、2013 年的当代 NoSQL 大会（NoSQL Now Conference）以及 2014 年的 Hadoop 尖端论坛（Hadoop Summit）等。

## 1.3.2　Apache Calcite 时期

经历了前期数年的发展，Optiq 逐渐成长起来，也引起了 Apache 软件基金会的注意。凭借其自身优秀的功能和逐渐提升的行业影响力，2014 年 5 月 25 日，Optiq 正式成为 Apache 项目，并进入 Apache 软件基金会孵化器进行孵化。同年的 9 月 30 日，Optiq 正式改名为 Calcite，也就是本书的主角。

在这个时期，基于 Optiq 原有的特性，Apache Calcite 在功能性、扩展性、适配性方面都有了非常大的进步。

首先为了支持更多的数据源，Calcite 支持了非常多的适配器（Adapter），例如 Cassandra、Druid、Elasticsearch、Kafka 等。在数据的流式处理方面，Calcite 提供了相关的流式处理方法；在空间处理方面，它不仅实现了开放式地理信息系统协会（Open Geospatial Consortium，

OGC）规范的查询方法，还实现了基于 Hilbert 空间填充曲线的空间索引。

除了自身功能的完善，该项目也走出了早期由朱利安·海德个人主导的"小作坊"模式，更多的"职业玩家"加入进来，除了朱利安·海德所在的 Hortonworks 公司，MapR、Salesforce、阿里巴巴、华为这样的"大数据时代"的"巨头"也纷纷成为建设 Calcite 的一员。

### 1.3.3　项目分拆阶段

在 Calcite 快速发展的过程中，其项目也变得越来越大。但是，"大"也有"大"的烦恼，不同模块的发展速度出现了不同程度的错位。在这个背景下，2016 年 5 月 3 日，Calcite 社区决定将迭代速度较快的 JDBC（Java Database Connectivity，Java 数据库连接）的驱动部分拆分出来，命名为 Avatica，作为 Calcite 项目的一个子项目单独维护。这次拆分并没有让 Avatica 脱离 Calcite 项目的管辖，而是将这两个模块进行了进一步的解耦，使 Calcite 和 Avatica 都能够以更快的速度进行迭代。

可以预见的是，随着 Calcite 的各个模块内容的不断充实，还会有更多的模块以子项目的形式，从 Calcite 主干项目里面独立出来，以适应当前 IT 行业的敏捷开发的趋势。

## 1.4　Calcite 生态系统

Calcite 如今已经发展成为一个非常庞大而且生命力非常旺盛的生态系统。

从内部来看，Calcite 以 calcite-core 模块为核心，能够读取多种数据源（如 Cassandra、Elasticsearch 等），挂载 Linq4j 或者 Spark 作为执行引擎，在解析层也支持 JavaCC（Java Compiler Compiler，是一种可以生成语法和词法分析树的程序），在上层的服务提供方面，则由其子项目 Avatica 全权负责。对于可挂载的组件，Calcite 提供了对应的适配器或者 API（Application Program Interface，应用程序接口），而且如果用户需要添加新的组件，可以直接按照要求实现相应的接口，非常方便。这样的内部生态也正是实现"一条 SQL 语句管理所有数据源"的有力保障。图 1-4 展示了 Calcite 生态系统。

从外部来看，Calcite 凭借其易用性和可扩展性，其本身的核心代码成为很多开源框架和商业大数据平台的首选优化器方案。

在商业公司里，阿里巴巴集团的 MaxCompute 平台是阿里巴巴飞天大数据架构体系中的重要组成部分，能够提供快速的、完全托管的 PB 级数仓解决方案，其中的查询优化组件就用到了 Calcite；腾讯公司的 TBDS 平台也用到了 Calcite 来进行 SQL 解析和查询优化。

而在开源组件里面，使用到 Calcite 的组件更多。例如擅长处理实时数据的 Flink，擅长分析和处理多维数据的 Kylin，使用非常广泛的大数据数仓 Hive。类似的组件还有很多，表 1-1 展示了 Calcite 官方在册的所有使用到 Calcite 的组件，在此不赘述。

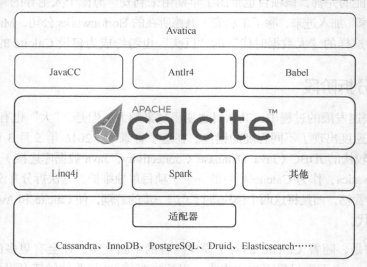

图 1-4　Calcite 生态系统

表 1-1　使用到 Calcite 的组件

| 支持的组件 | 维护机构 | 是否开源 | Calcite 的作用 |
|---|---|---|---|
| MaxCompute | 阿里巴巴集团 | 否 | 优化查询计划 |
| Apex | Apache | 是 | 解析流式 SQL（Streaming SQL）和进行查询优化 |
| Beam | Apache | 是 | 解析和优化 SQL 语句 |
| Drill | Apache | 是 | 解析和优化 SQL 语句 |
| Flink | Apache | 是 | 解析和优化流式 SQL |
| Hive | Apache | 是 | 优化查询计划 |
| Kylin | Apache | 是 | 解析和优化 SQL 语句 |
| Phonix | Apache | 是 | 解析和优化 SQL 语句，并且使用 Avatica 作为远程的 JDBC 驱动 |
| Samza | Apache | 是 | 解析流式 SQL 和进行查询优化 |
| Storm | Apache | 是 | 解析流式 SQL 和进行查询优化 |
| AthenaX | Uber | 是 | 解析 SQL 和进行查询优化 |
| TBDS | 腾讯公司 | 否 | 解析 SQL 和进行查询优化 |

## 1.5　为什么使用 Calcite

从前文可知，Calcite 实现了一个全局统一的查询优化框架，该框架可以用来解决现下非常多的数据管理问题。然而 Calcite 的优势还不止于此。

（1）Calcite 使用 Java 作为开发语言。现如今，Java 已经成为服务端开发的主流语言。换句话说，程序员如果使用 Calcite 作为查询优化组件，能够很容易嵌入现有的服务应用当中。而且相对来说，由于 Java 语言的流行，其生态的扩展性也使 Calcite 如虎添翼。

（2）Calcite 容易扩展。在很多位置，它都提供了通俗易懂的可扩展接口，给程序员带来了无限的可能性。相关的技术细节，后文会有详细的介绍。

（3）Calcite 容易使用。由于它本身是参照了数据库的架构模式，因此其部署也是非常方便的，而且还有 SQLLine 这样的前端组件（同样是由朱利安·海德主导开发的），Calcite 基本上能够实现开箱即用。

（4）Calcite 实现了一套完整的关系数据模型，其严谨的数学模型有助于使整个查询优化过程更加精准。同样，对于关系代数的操作符，它也提供了相关的扩展接口，程序员可以自定义操作符来对关系运算进行控制。

（5）Calcite 实现了流式 SQL。这也是一大亮点，因为当今的数据处理领域已经不是以往那样仅需对批量数据进行查询和计算了，对流式数据的处理也有大量的需求。Calcite 的这一功能可谓非常地应景。

（6）Calcite 多年的生态建设。从 2014 年至今，Calcite 逐渐从一个孤立的组件成长为一个 Apache 顶级项目，由于其强大的行业影响力和过硬的产品品质，吸引了包括 Intel、Oracle、Hortonworks、阿里巴巴、腾讯、华为等科技公司的加入。"众人拾柴火焰高"，众多高质量贡献者共同将 Calcite 推到了前台，Calcite 成为如今各大公司进行数据平台开发时查询优化领域的首选。

## 1.6　本章小结

本章首先介绍了数据管理系统的发展历史及其面临的问题，从这个问题引出了 Calcite，它的出现解决了如今不同数据源之间"查询难"的问题。但是"罗马不是一日建成的"，Calcite 同样经历了从零到一，再到丰饶多样的生态系统的整个过程。本章最后讲述了为什么使用 Calcite，以及它能够做什么事情。那么，它是如何实现的呢？它的内部架构是什么样的呢？具体内容请看第 2 章。

# 第 **2** 章

# Calcite 架构概述

随着大数据行业的不断发展，Calcite 及其生态成员逐渐成为大数据技术栈中举足轻重的力量。例如基于 Hadoop 的 SQL 引擎——Hive、主攻实时数据处理场景的 Flink，其中都能够看到 Calcite 的身影。

由于智慧城市行业中，需要整合各行各业的数据，每一种数据都有自己独特的数据源、数据结构，为了能够适配这些数据，我们在开发过程当中承受了非常大的压力。Calcite 作为一款能够实现数据联邦和流式系统的数据库查询优化器，成为我们最终解决这些问题的钥匙。

与传统数据库相比，Calcite 像一个万用插线板，本身非常轻量，但是它身上有不同规格的插孔，这些插孔可以对接各种各样的电器，共同提供服务。而与 Spark 这样的大数据系统相比，它身上又有很多传统数据库的影子，例如能够支持数据的流式回传、可以作为实时的交互式数据服务存在于服务器之上。

这一章，我们先观其大略，看看 Calcite 的设计思想、整体架构、使用方式、核心特性以及执行流程。

## 2.1 设计思想

Calcite 是一个数据库查询优化器，但是数据库查询优化器并不是什么新奇的东西，每一个成熟的数据库产品，都有自己的查询优化器。但是为什么 Calcite 能够成为大数据时代的"宠儿"呢？这得益于接下来要介绍的 Calcite 的设计思想。

### 2.1.1 聚焦查询优化

在数据库操作中，人们往往希望在调用数据库查询接口时，能够更快地获取查询结果。这个需求的实现往往需要通盘考虑表的索引选择、扫描范围、CPU（Central Processing Unit，中央处理器）和内存使用状态、网络和硬盘 I/O 的情况等。尤其是在支持 SQL 语句这种复杂的数据库操作语言时，查询语句产生的执行计划往往会非常复杂，如何采用最优的查询策略，更快地获取数据就成为数据库需要解决的核心问题。

那么查询优化有什么方法呢？查询优化一般分为两种优化模型：基于规则的优化（Rule Based Optimazition，RBO）模型和基于代价的优化（Cost Based Optimazition，CBO）模型。基于规则的优化主要是指，将一些关系代数的算子根据一些先验的规则进行调整，从而对整个查询过程进行优化。基于代价的优化更多的是指考虑数据本身的特性（例如数据分布、索引的组织方式、服务器当前的状态等）对查询过程进行优化。两种优化模型各有所长，同时也互为补充。

Calcite 本身就是一个异构数据源的查询优化器，同时也支持 SQL 这种查询语言。因此上述问题也是其需要解决的问题。

（1）它在内部实现了一套基于关系节点（Relation Node，RelNode）的关系代数体系，在执行查询的过程中，能够将 SQL 映射成可进行优化操作的 RelNode 树。

（2）它实现了自己的两套优化模型：基于规则的优化模型——启发式模型和基于代价的优化模型——火山模型。这个优化机制既可以进行谓词下推、查询重写、常量折叠这样的先验规则的优化方法，同时也能够根据服务器当前的状态进行查询策略的选择。两者相互配合，共同支撑起 Calcite 的查询优化过程。

## 2.1.2 数据联邦

在如今的大数据管理中，经常需要将不同存储来源的数据进行关联，因此我们需要对这些非同源数据进行提取，并将其放入相同的存储介质中，再进行关联操作。这种数据的割裂会给我们的数据关联分析带来很大的麻烦，如果我们能够使用一种数据集成技术，将不同数据源的数据都查询出来，直接进行关联操作，执行效率会大大提升。

数据联邦（Data Federation）技术是一种数据集成技术，它能够给用户提供一个由多个数据源组成的虚拟视图，应用层用户在使用这些虚拟视图时，不需要知道数据的物理位置、数据结构和保存方式。换句话说，数据联邦可以帮助用户实现对不同数据源的"傻瓜式"操作，只要按照统一的查询语言或者接口规范，就能够将不同数据源中的数据查询出来，并进行快速的分析和计算操作。图 2-1 展示了基于数据联邦概念产生的联邦数据库的架构。

Calcite 对数据联邦进行了实现，外部用户可以通过统一的 SQL 语句来进行操作，内部则实现了统一的安全控制和 SQL 审计、统一的元数据校验和流程控制，可以组合多个数据源的数据，完成多数据源的关联操作。而在查询过程中，Calcite 在其查询计划中会根据不同数据源进行特定的优化操作，例如对于 HBase 这样的键值（Key-Value，KV）数据库，可以注册适合其过滤（Filter）条件的下推规则，针对 Elasticsearch（一种 NoSQL 文档数据库，简称 ES），可以注册适合其倒排索引的查询计划。

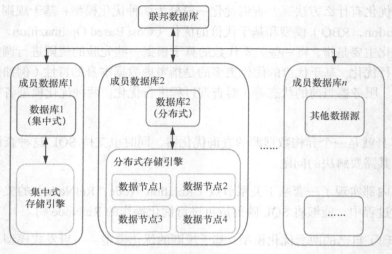

图 2-1 联邦数据库的架构示意

## 2.1.3 流式系统

在传统的关系数据库中，其数学基础是关系代数，核心是 RelNode，其实就是数据库的一张表、SQL 查询的结果以及一个视图。随着业务的不断发展，流式数据的场景越来越多，与之对应的实时计算也成为一种趋势。但是传统的表结构对这种新的业务场景往往力不从心，因为表结构一般针对的是确定的数据集，也就是某一时刻的数据集（Point-in-time Relations，PTR），而流式数据是时刻变化的，针对的是随时间变化的数据集（Time-varying Relations，TVR）。

为了解决这个问题，流式系统（Streaming System）出现了，该系统主要用来处理流式数据（Streaming Data）。流式系统与传统关系数据库中的表平级。而这种随时间变化的流式数据被视为关系代数中的"第一等数据"，从而将 SQL 应用到流式数据之上。而从数据结构来看，传统的数据集组织方式是二维表结构，只有行、列两个维度。在流式系统中，原有的二维表结构引入了时间轴的概念，成为三维表结构，而这样的数据同样是可以使用 SQL 进行查询和操作的。

在 Calcite 中则对流式系统进行了完善的实现，它对标准 SQL 进行了扩展，用户在普通的 SQL 中加入 STREAM 关键字就可以很轻松地完成流式 SQL 的切换。这样做的好处就在于语义非常清晰，对用户来说对流式数据的操作是与对表的操作极其相似的，降低了用户的认知成本。

同时，使用 SQL 来对流式数据进行操作，极大地降低了用户的学习成本，用户更容易上手。除了这样的基本功能，Calcite 也支持对不同的流式数据进行关联、对流式数据与表数据进行关联等，更加扩展了其使用场景。

从实际效果来看，Calcite 也被其他组件集成并发挥了重要作用。以 Calcite 为优化核心的 Apache Flink（由 Apache 软件基金会开发的开源流式数据处理框架），现如今凭借实时场景中对流式数据的支持，逐渐成为行业内广泛使用的工具；另一款采用 Calcite 作为查询优化的组件 Apache Beam（由 Apache 软件基金会开发的开源数据处理框架）也在市场中获得了相当不错的成绩。

## 2.2　整体架构

根据 Calcite 的官方文档所描述，Calcite 是一个能够连接异构数据源，并优化查询计划的基础框架。Calcite 提供查询处理所需要的四大功能：查询语言解析、语义校验、查询优化和查询执行。但是如前文所述，它聚焦于自身的核心功能，对于具体的数据源开放了很多接口，用户可以根据自己的需求进行选择，或者进行二次开发。图 2-2 展示了 Calcite 的架构。

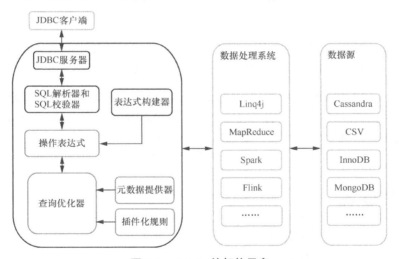

图 2-2　Calcite 的架构示意

从 Calcite 的架构示意中可以看出，Calcite 的各个组件可以分为 4 种类型。

（1）查询优化器（Query Optimizer）模块是整个 Calcite 的核心，它会对上游产生的逻辑查询计划进行优化，生成最终的执行计划。

在优化过程中，查询优化器基于优化模型，对 SQL 关系代数算子树进行优化。查询优化器会根据不同的优化模型来选择不同的优化策略。在 Calcite 中，查询优化器提供了两种优化模型。

　　一种是根据经验来进行查询优化的启发式模型（Heuristic Model），它一般会根据预先设定的优化规则，对查询计划进行优化。谓词下推、常量折叠等确定会对查询带来性能提升的策略都属于启发式模型的范畴。

　　另一种是基于代价的优化模型——火山优化模型（Valcano Model）。火山模型不仅会考虑到预先设定的优化规则，还会综合考量数据集的统计信息（数据行数、某个字段的基数、最小值、最大值等）以及当前服务器的状态（CPU 性能、内存占用率、网络情况等），最终将上层的逻辑计划转换成更符合当前场景的物理查询计划。

　　（2）操作表达式（Operator Expression）、元数据提供器（Metadata Provider）、插件化优化规则（Pluggable Rule）是适配不同逻辑的适配器，其中操作表达式会对操作表达式进行适配，内部包含输入的原始计划、中间结果以及最终输出的计划，元数据提供器会对元数据进行适配，插件化优化规则会对优化规则进行适配。所有的适配器都可以根据具体的场景进行扩展。

　　（3）Calcite 核心架构内部的其他部分则是一些流程性的组件，例如负责接收 JDBC 请求的 JDBC 服务器（JDBC Server）、负责解析 SQL 语法的 SQL 解析器（SQL Parser）、负责校验 SQL 语法的 SQL 校验器（SQL Validator），以及负责构建表达式的表达式构建器（Expression Builder）。

　　（4）最外层的数据处理系统（Data Processing System）和数据源（Data Source）则是一些外部的组件。用户可以根据自己的需要，挂载不同的数据执行引擎。

　　例如，Hive 在查询优化层使用了 Calcite 的核心模块，保障了其能够实现完整的关系代数优化功能。而在实际的数据执行层，Hive 挂载了 MapReduce 和 Spark 两种数据处理系统，这样就可以利用这两种大数据处理框架来高效完成海量数据的分布式计算。

## 2.3　使用方式

　　Calcite 的使用方式主要分为两种。

　　（1）Calcite 作为独立的服务，向下对接异构数据源，上层应用则使用 Calcite 原生的 JDBC 接口，利用 SQL 语句进行请求和响应。

　　这种使用方式的好处是显而易见的，一方面实现起来非常简单，Calcite 可以直接作为轻量级的查询优化中间件来提供相应的服务；另一方面 Calcite 本身也支持很多存储系统，尤其是对于一些接口比较特殊的数据源（例如 Cassandra、Elasticsearch、Redis 等），都可以使用现成的 SQL 语句进行查询。

但是这种使用方式的缺点也比较明显，正如前文所述，Calcite 本身将精力聚焦在查询优化上，所以对于查询的执行，尤其对于数据分析操作并不擅长。例如，在使用 SQL 语句进行排序操作时，Calcite 会将所有数据都放到 Calcite 所在进程中进行计算，如果数据量较大，容易出现内存溢出的问题。图 2-3 是以 Calcite 作为独立服务的示意。

（2）将 Calcite 进行拆分，作为一个嵌入式的组件存在于查询引擎当中。

图 2-3 以 Calcite 作为独立服务的示意

查询引擎通过自己的接口来对接底层的异构数据源，最终会将 Calcite 生成的优化后的执行计划交给自己的执行引擎来执行。这样做，好处是只使用了 Calcite 最核心的 SQL 解析、校验和查询优化的功能，扬长避短，避免了过量数据和计算集中在 Calcite 内部的问题；但是需要对 Calcite 有非常深度的改造，而且需要单独设计 Calcite 与执行引擎对接的接口。

这种使用方式经常出现在一些比较成熟的开源框架中，例如 Hive、Flink、Drill、Storm等。在 Hive 中，它只是抽取了 Calcite 的优化部分作为自己的优化核心，优化后的执行计划则交给底层的 MapReduce、Spark、Tez 等执行引擎来最终执行。图 2-4 展示了 Hive 的整体架构。可以看出，其中最核心的查询优化器使用的就是 Calcite 的优化模块。

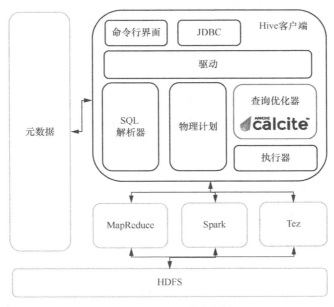

图 2-4 Hive 的整体架构

## 2.4 核心特性

为了将上述设计思想以及软件框架落地，给用户提供更好的使用体验，Calcite 实现了多个核心特性。本节只介绍几个主要的特性，包括灵活可插拔、支持流式 SQL、支持物化视图以及支持多种数据模型等。

### 2.4.1 灵活可插拔

Calcite 虽然是一个结构严谨的数据库查询优化器，但是其功能模块划分比较独立，因此，一方面，Calcite 可以不用全部集成，它允许只选择集成和使用其中的一部分功能；另一方面，它允许对每个模块进行扩展和替换。几乎每个模块都支持自定义，以实现更加灵活的功能定制。

在解析层，原生的 Calcite 是通过 JavaCC 来实现语法的解析的，但是 JavaCC 也可以被替换成 Antlr 以及其他的语法解析框架来完成相应的任务。

在校验层，原生的 Calcite 是通过配置文件来定义一些库表关系的，用户可以根据自己的需求来动态加入自己的元数据管理系统。除此以外，对应的用户自定义函数（User Defined Function，UDF）和用户自定义表函数（User Defined Table Function，UDTF）也可以进行动态的注册，汇入整体的查询逻辑当中。

在优化层，除了原生的一些优化规则，用户可以根据不同的数据源的查询接口，注册对应的优化规则，例如可以将 Count、Limit 这样的偏分析的算子下推到底层数据源中，优化查询性能。

最底层的数据执行框架同样是可插拔的，原生的 Calcite 使用 Linq4j 的迭代器机制实现了数据的流式回传，在一些大数据分析场景下，用户也可以接入一些大数据分析处理框架，提升对应的数据处理效率。

### 2.4.2 支持流式 SQL

如前文所述，在设计思想上，Calcite 期望能够完全支持对流式数据的管理。在具体实现上，Calcite 针对性地实现了流式数据的扩展，通过连接中的窗口表达式对流的隐式引用，完成流式处理的切换。

这些扩展的设计灵感来自连续查询语言，通过与标准 SQL 很好地结合起来，用户只需要添加 STREAM 关键字，就可以很方便地从常规关系查询切换到流式数据处理模式。代码清单 2-1 展示了 Calcite 流式 SQL 的示例语句。

**代码清单 2-1　Calcite 流式 SQL 的示例语句**

```
SELECT
    STREAM rowtime,
    productId,
    Units
FROM
    Orders
WHERE
    Units > 25;
```

由于流式数据固有无界特性，窗口用于除去阻塞运算符，例如聚合和连接。Calcite 的流扩展使用 SQL 分析函数来表示滑动和级联窗口聚合。多种窗口函数，例如滚动（TUMBLE）、跳跃（HOPPING）、会话（SESSION）窗口函数和相关函数也可以分别在 GROUP BY 子句和投影中使用。代码清单 2-2 展示了 Calcite 的窗口函数使用示例。

**代码清单 2-2　Calcite 的窗口函数使用示例**

```
SELECT
    STREAM TUMBLE_END(rowtime, INTERVAL'1'HOUR) AS rowtime,
    productId,
    COUNT(*) AS c,
    SUM(units) AS units
FROM
    Orders
GROUP BY
    TUMBLE(rowtime, INTERVAL'1'HOUR),
    productId;
```

## 2.4.3　支持物化视图

在传统的数据库场景当中，为了应对一些复杂场景下的查询逻辑，用户会使用视图来将一些查询逻辑进行存储，但是不会将视图的数据进行存储。这样就能够保证之后复用这个查询逻辑时，不需要重新编写相关的 SQL 语句。

但是有时会出现大数据量的场景，经常需要计算数据的统计信息，这些运算的代价往往是非常大的，经典的数据库视图是无法满足相应的业务需求的，因此物化视图就产生了。

物化视图是一种持久化的视图，不仅存储了查询逻辑，还存储了视图的结果。换句话说，物化视图相当于基于物理表的快照（Snapshot）。

对于一些特殊的统计查询，数据库不需要反复执行具体的查询操作，而只需要直接从物化视图当中查询对应的统计信息，极大地降低了查询的延迟。图 2-5 展示了物化视图在数据管理系统中的位置，我们可以清楚地看到它与原始数据的关系、相关的数据更新逻辑以及对接查询时的相关操作。

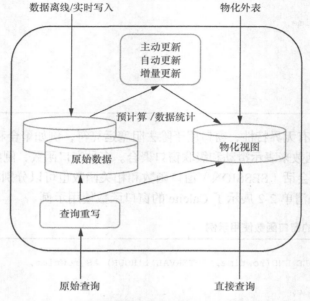

图 2-5 物化视图在数据管理系统中的位置

Calcite 对物化视图进行了支持，同样它的很多适配器也对物化视图有非常好的支持。例如，Calcite 支持对 Cassandra（由 Facebook 公司开源的分布式 NoSQL 数据库）的管理，它可以基于一些已经存在的表建立物化视图，Cassandra 的适配器可以自动将这些物化视图映射到 Calcite 当中。

除了 Cassandra 这样的外部组件，使用 Calcite 作为优化核心的 Hive 也支持了物化视图的功能。不过在执行过程当中，Hive 的执行引擎会对物化视图进行判断，如果当前的物化视图可以在查询优化当中使用，对应的物化视图就会注册到 Calcite 当中。通过在 Calcite 当中注册对应的物化视图，查询优化器可以在查询过程当中对物化视图相关的逻辑进行查询重写的操作。

## 2.4.4 支持多种数据模型

Calcite 在数据模型方面，不仅支持传统关系数据库所重点支持的结构化数据（这些通过关系数据的多元组数据结构就可以实现），还支持非结构化数据和半结构化数据。Calcite 支持几种复杂的数据类型，可以将关系数据和半结构化数据混合存储在表中。列可以是序列（Array）、映射（Map）或者复合数据集（MultiSet）类型。此外，这些复杂类型可以嵌套，也可以构成更加复杂的结构体（Struct）数据。

在 Calcite 所支持的 MongoDB 适配器当中，MongoDB 是一个文档数据库，用于存储 JS 对象图谱（JavaScript Object Notation，JSON，是一种轻量级的数据交换格式，广泛应用在软件开发当中）数据。在这样的 JSON 数据当中，表结构可能是会变化的，不过很多情况下，文档中具有一些公共的数据结构。通过抽取这些所需值并将它们转换为适当类型后创建视图就可以实现精确的数据控制，如代码清单 2-3 所示。

**代码清单 2-3　针对 MongoDB 的查询示例**

```
SELECT
    CAST(_MAP['city'] AS VARCHAR(20)) AS city,
    CAST(_MAP['loc'][0] AS float) AS longitude,
    CAST(_MAP['loc'][1] AS float) AS latitude
FROM
    Mongo_raw.zips;
```

除了上述比较通用的数据模型，Calcite 也支持空间数据模型。它实现了开放性地理数据互操作规范（Open Geo-data Interoperability Specification，OGIS），并为其提供了便捷的 SQL 语句使用方法。这方面主要分为 3 个层面。

（1）从数据模型层面来看，Calcite 支持空间数据类型（Geometry）及其子类型——点（Point）、线（Line String）、多边形（Polygon）。

（2）从处理方法层面来看，Calcite 支持很多空间处理函数，例如将文本标记语言 WKT（Well Known Text，可以用来表示地理空间数据）转换成空间数据的 ST_PointFromText 函数。

（3）从空间索引层面来看，Calcite 支持 Hilbert 空间填充曲线，用户可以直接在数据定义语言（Data Definition Language，DDL）当中对数据进行配置，极大地提升了空间数据的查询效率。

## 2.5　执行流程

了解了 Calcite 的基本结构以及它的一些特性，本节主要介绍它的执行流程。

### 2.5.1　服务的接收

Calcite 接收请求的第一站就是服务层组件，也就是距离用户最近的一个部分。这一部分组件如今已经独立出来成为一个单独的开源项目——Avatica，这个组件的作用可以分为两个方面。

（1）在数据服务协议实现方面，Avatica 对 JDBC 协议进行了封装，将用户的 SQL 请求转发给 calcite-core 组件进行进一步的解析、校验、优化和执行。

（2）在通信管理方面，Avatica 是基于超文本传输协议（Hypertext Transfer Protocol，HTTP）来实现远程过程调用（Remote Procedure Call，RPC）的。其中，使用 Jackson[1] 来对通信中的 JSON 进行序列化和反序列化操作，也可以选择 Protobuf 协议[2]。

总结下来，服务层组件的作用主要有以下 4 点：

- 接收客户端的 SQL 请求；

- 校验用户的配置信息（例如校验用户名和密码）；

- 转发给 calcite-core 模块[3]执行；

- 封装结果请求并返回。

服务层组件将 SQL 请求接收以后，会将相关的信息发给 Calcite 内部，正式开启整个 SQL 的执行流程。

## 2.5.2　SQL 语法解析

经过服务层对 SQL 语句和环境配置参数的转发，Calcite 会展开相关的准备工作，并在准备过程当中，将上游发送过来的 SQL 语句交给 Calcite 的解析层进行解析。解析层的作用是将 SQL 语句转化为抽象语法树（Abstract Syntax Tree，AST），在 Calcite 中用语法节点（SqlNode）来表示。

在这个部分，由于 Calcite 仍然聚焦在查询优化上，因此在解析优化的过程中，没有"重复造轮子"，使用了开源的 JavaCC 作为 SQL 解析器。JavaCC 会根据 Calcite 中定义的相关语法文件，生成一系列的 Java 代码，生成的 Java 代码会把 SQL 语句转化为抽象语法树。

在这个过程当中，为了适配更多的 SQL "方言"，Calcite 也提供了很多方言的选择，例如 MySQL、Oracle 等，用户可以根据自己的需求，灵活地配置相关的参数，选择自己比较熟悉的方言来使用，调用 Calcite 的核心查询优化能力。另外，Calcite 也提供了方言的扩展接口，如有需要，用户可以自定义方言类，适配自己的语法。

当然，JavaCC 并不是语法解析的唯一选择，例如 Antlr 等其他语法解析组件也同样可以嵌入 Calcite 当中，只要能够将 SQL 语句最终构造成 Calcite 需要的语法节点数据结构，都是可以使用的。

---

1　一种处理 JSON 和 XML（Extensible Markup Language，可扩展标记语言）格式的 Java 类库。

2　Protobuf（Protocol Buffers），一种由 Google 公司提供的高效的数据交换协议，类似于 JSON。

3　calcite-core 是负责 Calcite 核心查询优化逻辑的模块。

### 2.5.3　语法树的校验

SQL 语句经过解析层以后，会转变为经过逻辑封装的算子树，紧接着这棵算子树会开始进行校验。从程序执行流程上来看，校验层的作用如下：

- 验证 SQL 语法正确性；
- 验证 SQL 中所设计的数据库、表、字段是否存在；
- 扩展算子树中的节点名称；
- 通过元数据得到不同作用域所对应的 SqlNode 类型。

Calcite 对于 SQL 语句中的不同子句也会有具体的校验策略，主要分为以下 4 个部分。

（1）对于 FROM 子句，Calcite 会验证对应的数据源是否存在。

（2）对于 WHERE、GROUP BY、WINDOW、OFFSET 子句，Calcite 会验证其中涉及的字段是否存在。

（3）对于 HAVING 子句，Calcite 会综合考虑 HAVING 子句和 GROUP BY 子句，验证 HAVING 子句在聚合函数中的字段是否与 GROUP BY 中的字段相同。

（4）对于 ORDER BY 子句，如果其涉及的字段在 SELECT 子句中不存在，就会进行扩展。而且会综合考虑 ORDER BY 子句和聚合函数，判断两者涉及的字段是否相同。

### 2.5.4　关系代数优化

经过校验层的语法校验后，原先简单封装的语法节点就会被转化为关系代数，接着就会开始执行关系代数优化这一步骤。这一步是整个 Calcite 执行流程当中的核心环节，每一个查询都会被转化为由关系运算符组成的树状结构。

基于内置的关系代数转换规则，Calcite 会将使用数学标识符的表达式树进行一定程度的转换。例如，它可以将一个查询条件下推到 Join 算子下方的具体数据源当中，以此来减少数据的读取数量，进一步提升查询性能。

Calcite 提供了两种优化模型，基于规则的优化模型和基于代价的优化模型，相关实现细节将在后续的章节中详细介绍。通过这两种优化模型，Calcite 可以将原先的查询计划转换成数学等价的查询计划，然后交给底层的数据源执行，最终返回给 Calcite 来进行汇总和处理。

这些查询计划的执行过程是可扩展的，用户可以添加自定义的关系运算符、优化规则、优化模型以及统计信息。给用户更多的选择权，更有利于用户根据真实场景来进行定制化的开发，满足更多的需求。

### 2.5.5 执行并获取数据

经过优化层的优化规则的转换，相关的原始关系代数已经被转换成适合当前场景和服务器环境的执行计划，接下来的这一步骤就会被交给最终的执行引擎来执行。这一步的主要作用是获取数据，并完成相关的数据计算，然后形成结果数据集，回传给 Avatica 的服务端，最终通过 JDBC 的数据服务协议回传给 Avatica 的客户端。

在这里，用户有两种选择。

（1）最基本的选择就是用户可以使用 Calcite 自带的数据处理机制，原生的 Calcite 会使用 Linq4j 的接口来组织最终的查询。中间为了实现数据的快速回传，Calcite 在组织执行查询操作的时候，会利用动态代码生成技术，不会预先将执行代码"写死"，而是根据执行过程中的具体情况，动态拼接字符串，然后将字符串进行动态编译，这样可以减少虚函数引用带来的问题，避免因为 CPU 频繁切换上下文，大大提升执行效率。Calcite 最终会通过 Linq4j 的迭代器机制，采用迭代的方式将数据流式返回。

（2）很多组件也对执行模块进行了一定程度的扩展，例如 Hive 当中的 Hive on MapReduce 和 Hive on Spark，分别基于 Calcite 优化层产生的执行计划，结合底层的执行引擎进行了一些改造。虽然说这几个执行引擎是离线批处理类型的计算框架，计算结果数据可能无法实现流式回传，但是它们可以弥补原生 Calcite 的单机架构在处理大数据量、复杂分析计算时的不足。

上述两种模式用户都可以使用，取长补短，最终可以应对大部分的异构数据源的开发场景，也可以满足大部分的数据查询需求。

## 2.6  本章小结

本章介绍了 Calcite 的设计思想、整体架构、使用方式、核心特性以及执行流程，Calcite 内部的运行逻辑和组织方式已经初见端倪，其核心的查询优化能力、异构数据的组织能力，以及对流式数据、OLAP 场景和多数据模型的支持是其能够在众多开源项目当中脱颖而出的"杀手锏"。在使用方式当中，我们也可以看出，Calcite 可以自行组织查询服务，也可以将自身的组件分开嵌入其他执行引擎当中，提供强大的查询优化能力，这说明了它是一个开放的组件。最后本章又从执行流程的角度，展示了一条 SQL 语句从传入到最终执行并获取数据的全过程，加深了读者对 Calcite 自身能力的理解。

第 3 章将通过一个示例来介绍如何用最快速的方式安装、部署和使用 Calcite。

# 第 **3** 章

# Calcite 快速上手

了解 Calcite 架构以后，该如何使用 Calcite 呢？本章将从 Calcite 项目的下载、编译、运行，SQLLine 操作方法，以及集成 CSV 文件开发实例 3 个方面来介绍 Calcite 的入门知识与基础操作。

## 3.1 下载、编译和运行

Calcite 是一款开源的数据库查询优化器组件，我们可以从 GitHub 官网上找到其项目，直接通过"git clone"命令将其源码复制到本地的 IDE（Integrated Development Environment，集成开发环境）当中。图 3-1 展示了 Calcite 在 GitHub 中的项目首页。

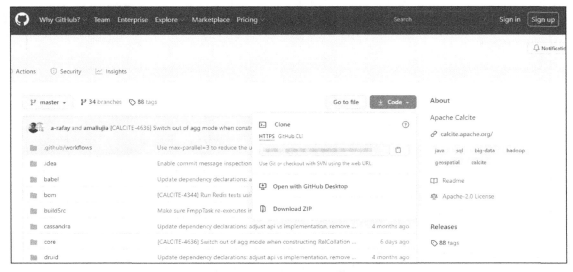

图 3-1　Calcite 在 GitHub 中的项目首页

Calcite 工程与很多 Java 工程不同，它使用 Gradle 作为构建工具，因此用户在编译项目时，需要提前安装好 Gradle。如果使用 IDEA[1]来打开 Calcite，那么也可以使用其内置的 Gradle 来构建。图 3-2 展示了 Calcite 开始构建的界面情况。

Download https://services.gradle.org/distributions finished, took 52 s 16 ms (107.84 MB)
Starting Gradle Daemon...
Gradle Daemon started in 1 s 776 ms

图 3-2 Calcite 开始构建的界面情况

图 3-3 展示了 Calcite 编译时出现 JDK（Java Development Kit，Java 开发工具包）版本问题报出的错误。我们需要保证 JDK 版本在 1.8.0_202 之后。

Caused by: java.lang.IllegalArgumentException: Apache Calcite requires Java 1.8.0u202 or later. The current Java version is 1.8.0_161

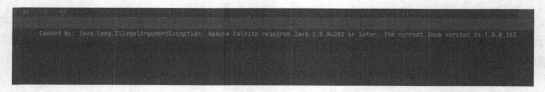

图 3-3 Calcite 编译时 JDK 版本出现问题报错

如果发现版本低于 1.8.0_202，就需要在 Oracle 官网下载符合条件的 JDK 安装包。图 3-4 展示了下载 JDK 1.8 的页面。

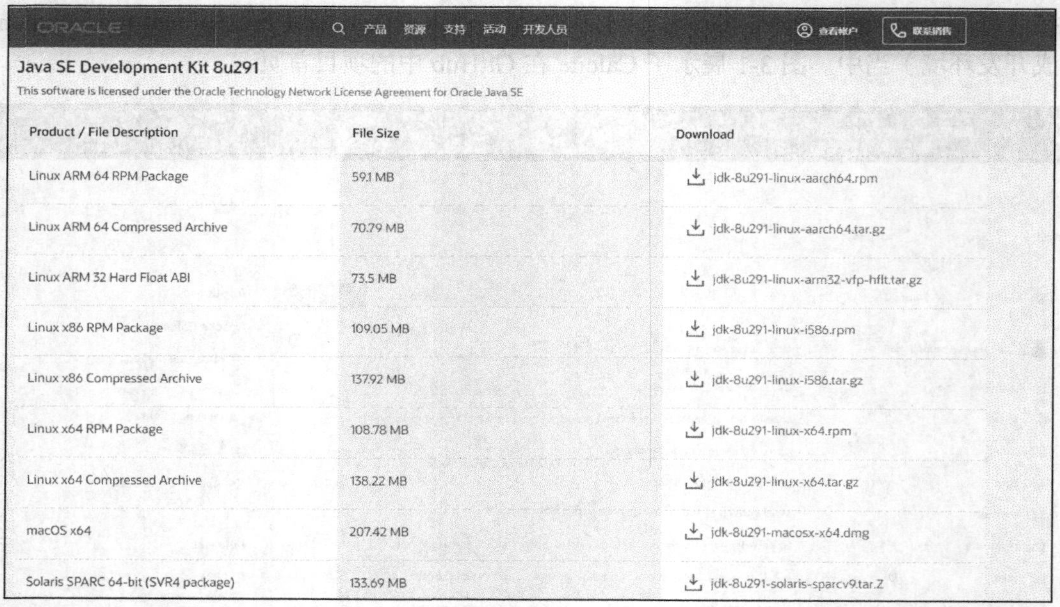

ORACLE
产品 资源 支持 活动 开发人员
查看帐户
联系销售
Java SE Development Kit 8u291
This software is licensed under the Oracle Technology Network License Agreement for Oracle Java SE
Product / File Description
File Size
Download
Linux ARM 64 RPM Package
59.1 MB
jdk-8u291-linux-aarch64.rpm
Linux ARM 64 Compressed Archive
70.79 MB
jdk-8u291-linux-aarch64.tar.gz
Linux ARM 32 Hard Float ABI
73.5 MB
jdk-8u291-linux-arm32-vfp-hflt.tar.gz
Linux x86 RPM Package
109.05 MB
jdk-8u291-linux-i586.rpm
Linux x86 Compressed Archive
137.92 MB
jdk-8u291-linux-i586.tar.gz
Linux x64 RPM Package
108.78 MB
jdk-8u291-linux-x64.rpm
Linux x64 Compressed Archive
138.22 MB
jdk-8u291-linux-x64.tar.gz
macOS x64
207.42 MB
jdk-8u291-macosx-x64.dmg
Solaris SPARC 64-bit (SVR4 package)
133.69 MB
jdk-8u291-solaris-sparcv9.tar.Z

图 3-4 下载 JDK 1.8 的页面

1 一种提供 Java 开发环境的编程软件。

Calcite 编译时，需要获取对应的软件依赖（简称"依赖包"），但是国内无法下载时会报错，如图 3-5 所示。

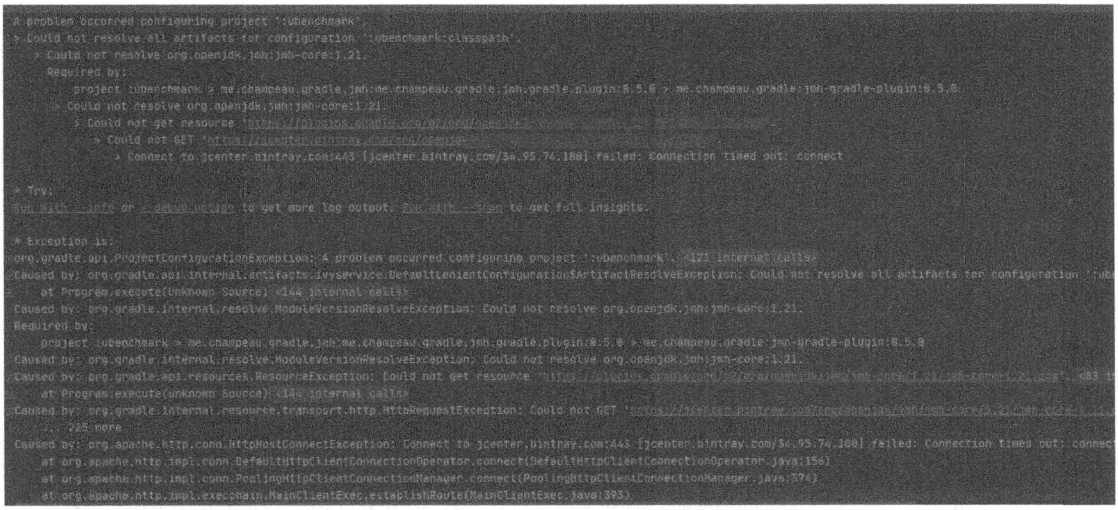

图 3-5    Calcite 编译时国内无法下载某些依赖包时报出的错误

可以采取这样的方式来解决问题。在 Calcite 工程内有一个 gradle.properties 文件，可以将其中的"systemProp.org.gradle.internal.publish.checksums.insecure=true"利用"#"注释掉，再次编译，项目就能够正常运行。

# 3.2    SQLLine 操作方法

SQLLine 是一个基于 Java 开发的连接关系数据库和执行 SQL 语句的控制台工具。它类似于其他的命令行数据库连接器，比如为 Oracle 提供服务的 SQL*PLUS 和为 Sybase/SQL 提供服务的 isql。因为它是基于 Java 开发的，所以它同样具有跨平台性。

SQLLine 也是一个开源项目，同样由朱利安·海德主导开发，其开源协议是 Berkly 软件发布许可（Berkly Software Distribution License，BSD License），这是一种比较宽松的协议，因此开发者只需要将自己的版权资料放上去就可以使用。

由于 SQLLine 很多语法比较特殊，而且也有很多非常有意思的小功能，因此本节主要对 SQLLine 的操作方法进行介绍。

## 3.2.1    SQLLine 的基本操作

SQLLine 是专门用来进行数据库的连接的，因此它支持用户通过连接数据库的命令，以

JDBC 的数据库连接协议对数据库进行连接。代码清单 3-1 展示了 SQLLine 定义数据库连接的命令模板。

**代码清单 3-1 SQLLine 定义数据库连接的命令模板**

```
! Connect jdbc:<jdbc_url> <user_name> <password>[driver_name]
```

其中，“jdbc_url”是适配用户使用的数据库的 JDBC 协议地址，是一个必填项，但是在这之前需要加上“jdbc:”，而且一般情况下，数据库的名称会成为这个 URL 中的一部分。后面紧跟着的“user_name”和“password”是用户名和密码，这两个配置同样是必填项。有时为了防止用户名和密码内部存在特殊字符可以使用引号将其包裹，当然此处既可以使用单引号，也可以使用双引号。最后的“driver_name”是使用的驱动名称，是一个可选项。代码清单 3-2 展示了 Calcite 教学案例中利用 SQLLine 来连接数据库的命令。

**代码清单 3-2 利用 SQLLine 来连接数据库的命令**

```
! Connect jdbc:calcite:model=src/test/resources/model.json admin admin
```

接着就可以开始查看元数据信息。值得注意的是，在 SQLLine 中，相关的命令与 MySQL 中的不同，如果需要查看所有表的元数据信息，则需要使用“!tables”命令来查看；如果需要查看某张表里面所有的字段元数据信息，则需要使用“!columns”命令或者“!describe”命令来查看。图 3-6 展示了在 SQLLine 中使用“!tables”命令和“!columns”命令分别查看 Calcite 中的表信息和列信息。

```
0: jdbc:calcite:model=src/test/resources/mode> !tables
+-----------+-------------+------------+--------------+---------+----------+------------+-----------+---------------------------+----------------+
| TABLE_CAT | TABLE_SCHEMA| TABLE_NAMEA|  TABLE_TYPE  | REMARKS | TYPE_CAT | TYPE_SCHEM | TYPE_NAME | SELF_REFERENCING_COL_NAME | REF_GENERATION |
+-----------+-------------+------------+--------------+---------+----------+------------+-----------+---------------------------+----------------+
|           | SALES       | DEPTS      | TABLE        |         |          |            |           |                           |                |
|           | SALES       | EMPS       | TABLE        |         |          |            |           |                           |                |
|           | SALES       | SDEPTS     | TABLE        |         |          |            |           |                           |                |
|           | metadata    | COLUMNS    | SYSTEM TABLE |         |          |            |           |                           |                |
|           | metadata    | TABLES     | SYSTEM TABLE |         |          |            |           |                           |                |
+-----------+-------------+------------+--------------+---------+----------+------------+-----------+---------------------------+----------------+
0: jdbc:calcite:model=src/test/resources/mode> !columns depts
+-----------+-------------+------------+-------------+-----------+-----------+-------------+---------------+----------------+----------------+----------+---------+------------+---------------+------------------+----+
| TABLE_CAT | TABLE_SCHEMA| TABLE_NAMEA| COLUMN_NAME | DATA_TYPE | TYPE_NAME | COLUMN_SIZE | BUFFER_LENGTH | DECIMAL_DIGITS | NUM_PREC_RADIX | NULLABLE | REMARKS | COLUMN_DEF | SQL_DATA_TYPE | SQL_DATETIME_SUB | CH |
+-----------+-------------+------------+-------------+-----------+-----------+-------------+---------------+----------------+----------------+----------+---------+------------+---------------+------------------+----+
|           | SALES       | DEPTS      | DEPTNO      | 4         | INTEGER   | -1          | null          | null           | 10             | 1        |         |            | null          | null             | -1 |
|           | SALES       | DEPTS      | NAME        | 12        | VARCHAR   | -1          | null          | null           | 10             | 1        |         |            | null          | null             | -1 |
+-----------+-------------+------------+-------------+-----------+-----------+-------------+---------------+----------------+----------------+----------+---------+------------+---------------+------------------+----+
```

图 3-6 查看 Calcite 中的表信息和列信息

我们可以看到当前 Calcite 教学案例中共有 5 张表：DEPTS、EMPS、SDEPTS、COLUMNS 和 TABLES。其中前 3 张表是 SALES Schema 下的（可以近似理解为数据库），后面 2 张表则是系统表，分别用于记录字段和表的元数据信息。比如在当前的几张表中，EMPS 和 DEPTS 表是基于 resources/sales 目录下的 EMPS.csv 和 DEPTS.csv 文件来进行管理的。

在执行“!columns”命令时，我们可以看到 SQLLine 会将表内各个字段的信息输出，例如表所在的 Schema 信息（TABLE_SCHEMA）、所在表的名称（TABLE_NAME）、字段名称（COLUMN_NAME）、数据类型（DATA_TYPE，此处展示的是数据类型的编号）、类型名称

（TYPE_NAME）等信息。

接下来就可以进行查询操作。由于 SQLLine 只对 SQL 语句进行转发，因此对于查询操作来说，SQL 的解析和校验依然是由 calcite-core 模块来完成的。代码清单 3-3 展示了在 SQLLine 中对 Calcite 执行查询操作的过程。

**代码清单 3-3 查询 Calcite 中的数据**

```
0: jdbc:calcite:model=src/test/resources/mode> SELECT * FROM emps;
+-------+------+--------+--------+---------------+-------+------+---------+---------+------------+
| EMPNO | NAME | DEPTNO | GENDER |     CITY      | EMPID | AGE  | SLACKER | MANAGER | JOINEDAT   |
+-------+------+--------+--------+---------------+-------+------+---------+---------+------------+
| 100   | Fred | 10     |        |               | 30    | 25   | true    | false   | 1996-08-03 |
| 110   | Eric | 20     | M      | San Francisco | 3     | 80   |         | false   | 2001-01-01 |
| 110   | John | 40     | M      | Vancouver     | 2     | null | false   | true    | 2002-05-03 |
| 120   | Wilma| 20     | F      |               | 1     | 5    |         | true    | 2005-09-07 |
| 130   | Alice| 40     | F      | Vancouver     | 2     | null | false   | true    | 2007-01-01 |
+-------+------+--------+--------+---------------+-------+------+---------+---------+------------+
5 rows selected (1.842 seconds)
```

除了支持简单的单表查询，对于 Join 这样的复杂查询，SQLLine 也是支持的。代码清单 3-4 展示了使用聚合操作和连接操作来查询和处理 Calcite 中的数据。

**代码清单 3-4 使用聚合操作和连接操作来查询和处理 Calcite 中的数据**

```
0: jdbc:calcite:model=src/test/resources/mode> SELECT d.name, COUNT(*)
. . . . . . . . . . . . . . . semicolon> FROM emps AS e JOIN depts AS d ON
. . . . . . . . . . . . . . . semicolon> e.deptno = d.deptno GROUP BY d.name;
+-----------+--------+
|   NAME    | EXPR$1 |
+-----------+--------+
| Sales     | 1      |
| Marketing | 2      |
+-----------+--------+
2 rows selected (0.449 seconds)
```

在构建数据类型方面，也可以通过一些函数来完成对数据的构建和运算。代码清单 3-5 展示了通过 SQLLine 对 Calcie 进行数据构建的操作。

**代码清单 3-5 通过 SQLLine 对 Calcite 进行数据构建的操作**

```
0: jdbc:calcite:model=src/test/resources/mode> VALUES CHAR_LENGTH('Hello, ' || 'world!');
+--------+
| EXPR$0 |
+--------+
| 13     |
+--------+
1 row selected (0.108 seconds)
```

最后需要注意的是，所有以"!"开头的命令，结尾都不可以使用分号，而所有的查询语句，最终都需要使用分号来进行区分。

## 3.2.2　SQLLine 的进阶操作

上述是在 Calcite 教学案例当中介绍的一些基本功能，但是 SQLLine 的功能远不止于此，在数据库连接管理方面、数据查询方面以及一些交互操作和用户体验配置方面，都有很多值得介绍的功能。本小节会对 SQLLine 的进阶操作进行详细介绍。

### 1. 数据相关信息管理

SQLLine 作为数据库命令行工具，在数据库连接管理方面，将很多功能都进行了封装，用户可以直接使用。

SQLLine 拥有同时管理多个数据库连接的能力，通过"!connect"命令就可以将新的连接添加到现有连接当中，通过"!go"命令就可以将当前的连接切换到其他的连接通道当中，当前开启的连接也可以使用"!list"命令来进行展示。基于这种能力，SQLLine 支持同时对多个连接执行相同 SQL 语句的功能，只要使用"!all"命令就能够实现这个操作。代码清单 3-6 展示了在 SQLLine 中使用"!list"命令查看所有数据库连接的操作。

**代码清单 3-6　在 SQLLine 中查看所有数据库连接的操作**

```
1: jdbc:mysql://localhost/mydb> !list
2 active connections:
  #0  open   jdbc:oracle:thin:@localhost:1521:mydb
  #1  open   jdbc:mysql://localhost/mydb
```

代码清单 3-7 展示了在 SQLLine 中使用"!all"命令对所有数据库连接执行相同操作。

**代码清单 3-7　在 SQLLine 中对所有数据库连接执行相同操作**

```
1: jdbc:mysql://localhost/mydb> !all DELETE FROM COMPANY
Executing SQL against: jdbc:oracle:thin:@localhost:1521:mydb
4 rows affected (0.004 seconds)
Executing SQL against: jdbc:mysql://localhost/mydb
1 row affected (3.187 seconds)
```

SQLLine 同样可以通过 SQL 的形式将文档中的配置信息关联到数据库连接当中。例如，用户可以在命令行当中指定某一个配置文件，然后 SQLLine 就会读取其中的配置信息，将其内置于自己的程序的配置信息当中。例如，用户将一些配置信息放入一个.properties 文件当中，然后就可以使用"!properties"对该配置文件进行指定，使其能够读取外部的文件信息。代码清单 3-8 展示了在 SQLLine 中使用"!properties"命令读取外部配置文件信息的操作。

**代码清单 3-8　在 SQLLine 中读取外部配置文件信息的操作**

```
sqlline> !properties test.properties
Connecting to jdbc:mysql://localhost/mydb
Enter password for jdbc:mysql://localhost/mydb: *****
Connected to: MySQL (version 3.23.52-log)
Driver: MySQL-AB JDBC Driver (version 3.0.8-stable ( $Date: 2008/12/10 $, $Revision: #3 $ ))
Autocommit status: true Transaction isolation: TRANSACTION_READ_COMMITTED
```

除了对连接本身的管理，SQLLine 也可以查看当前支持的所有数据源驱动的信息。代码清单 3-9 展示了在 SQLLine 中使用 "!scan" 命令来查看当前所有数据源驱动信息的操作。

**代码清单 3-9　在 SQLLine 中查看当前所有数据源驱动信息的操作**

```
sqlline> !scan
35 driver classes found
Compliant Version Driver Class
no        4.0     COM.cloudscape.core.JDBCDriver
no        1.0     COM.cloudscape.core.RmiJdbcDriver
   ......
no        1.7     org.hsqldb.jdbcDriver
no        7.3     org.postgresql.Driver
yes       0.9     org.sourceforge.jxdbcon.JXDBConDriver
```

### 2. 数据查询

SQLLine 的查询不仅可以通过在 Shell 当中输出 SQL 语句来执行，类似于 MySQL 的命令操作界面，它也支持执行某一个 SQL 文件，或者将所有要执行的 SQL 语句输出为 SQL 文件。以 SQL 文件作为中转，这样就能够保证其与其他数据库的兼容性。代码清单 3-10 展示了在 SQLLine 中使用 SQL 语句来对底层数据源进行查询的操作。

**代码清单 3-10　在 SQLLine 中使用 SQL 语句来对底层数据源进行查询的操作**

```
0: jdbc:hsqldb:db-hypersonic> SELECT * FROM COMPANY;
+------------+-----------+
| COMPANY_ID |   NAME    |
+------------+-----------+
| 1          | Apple     |
| 2          | Sun       |
| 3          | IBM       |
| 4          | Microsoft |
+------------+-----------+
4 rows selected (0.001 seconds)
```

如果需要执行某个 SQL 文件，则执行 "!run" 命令，并指定对应的 SQL 文件，即可完成 SQL 文件内的语句执行。代码清单 3-11 展示了在 SQLLine 中通过 "!run" 命令来执行一个 SQL 文件中的所有 SQL 语句的操作。

**代码清单 3-11　在 SQLLine 中执行一个 SQL 文件中的所有 SQL 语句的操作**

```
0: jdbc:hsqldb:db-hypersonic> !run example.sql
1/11          CREATE TABLE COMPANY (COMPANY_ID INT, NAME VARCHAR(255));
No rows affected (0.001 seconds)
2/11          INSERT INTO COMPANY VALUES (1, 'Apple');
1 row affected (0 seconds)
3/11          INSERT INTO COMPANY VALUES (2, 'Sun');
1 row affected (0 seconds)
......
10/11         INSERT INTO EMPLOYEE (ID, FIRST_NAME, LAST_NAME, COMPANY) VALUES (234,
                       'William', 'Gates', 4);
1 row affected (0.001 seconds)
11/11    SELECT * FROM COMPANY,EMPLOYEE WHERE EMPLOYEE.COMPANY = COMPANY.COMPANY_ID;
+------------+------------+-------------+-------------+------------+----------+
| COMPANY_ID |    NAME    | ID          | FIRST_NAME  | LAST_NAME  | COMPANY  |
+------------+------------+-------------+-------------+------------+----------+
| 4          | Microsoft  | 234         | William     | Gates      | 4        |
+------------+------------+-------------+-------------+------------+----------+
1 row selected (0.001 seconds)
```

除了基本的数据查询操作，SQLLine 也支持对事务的管理。与事务管理相关的主要命令有如下几个："!autocommit" 命令主要负责事务是否自动提交，"!commit" 命令负责事务的最终提交，"!rollback" 命令负责事务的回滚。代码清单 3-12 展示了使用 SQLLine 对底层的 Oracle 进行事务方面操作的一个具体案例。

**代码清单 3-12　在 SQLLine 中对事务进行操作**

```
// 使用 "!autocommit" 命令将自动提交事务的功能关闭，后面事务需要手动提交才能生效
0: jdbc:oracle:thin:@localhost:1521:mydb> !autocommit off
Autocommit status: false

// 对 COMPANY 表进行查询
0: jdbc:oracle:thin:@localhost:1521:mydb> SELECT * FROM COMPANY;
+------------+------------+
| COMPANY_ID |    NAME    |
+------------+------------+
| 3          | IBM        |
| 4          | Microsoft  |
| 1          | Apple      |
| 2          | Sun        |
+------------+------------+
4 rows selected (0.011 seconds)

// 将 COMPANY 表中的数据全部删除
0: jdbc:oracle:thin:@localhost:1521:mydb> DELETE FROM COMPANY;
4 rows affected (0.004 seconds)
```

```
// 执行查询语句，发现 COMPANY 表中已经查不出数据
0: jdbc:oracle:thin:@localhost:1521:mydb> SELECT * FROM COMPANY;
+-------------+--------+
| COMPANY_ID  | NAME   |
+-------------+--------+
+-------------+--------+
No rows selected (0.01 seconds)

// 将前面删除数据的操作进行回滚
0: jdbc:oracle:thin:@localhost:1521:mydb> !rollback
Rollback complete (0.016 seconds)

// 此时再来查询 COMPANY 表，发现原先删除的数据仍然存在，说明回滚事务的操作生效了
0: jdbc:oracle:thin:@localhost:1521:mydb> SELECT * FROM COMPANY;
+-------------+------------+
| COMPANY_ID  |    NAME    |
+-------------+------------+
| 3           | IBM        |
| 4           | Microsoft  |
| 1           | Apple      |
| 2           | Sun        |
+-------------+------------+
4 rows selected (0.01 seconds)
```

除了对于事务过程的控制，对于事务隔离级别，也可以进行控制。SQLLine 支持多种事务隔离级别，包括无事务（TRANSACTION_NONE）、提交读（TRANSACTION_READ_COMMITTED）、不可提交读（TRANSACTION_READ_UNCOMMITTED）、可重复读（TRANSACTION_ REPEATABLE_READ）和可序列化（TRANSACTION_SERIALIZABLE）等，可大大提升整体事务调用的灵活性。

另一个比较有特色的功能就是 SQLLine 可以利用 "!outputformat" 命令，设定结果集的输出格式。这个命令对于 SQL 执行结果的存储是非常有用的，因为它可以非常便捷地将数据输出为用户需要的格式，这个在业务当中无疑是非常有用的。代码清单 3-13 展示了在 SQLLine 中将输出格式设置为表格格式（SQLLine 的默认输出格式）的操作过程。

**代码清单 3-13　在 SQLLine 中将输出格式设置为表格格式**

```
// 使用 "!outputformat" 命令将输出格式设置为 table
0: jdbc:oracle:thin:@localhost:1521:mydb> !outputformat table

// 查询 COMPANY 表，输出格式是表格格式
0: jdbc:oracle:thin:@localhost:1521:mydb> SELECT * FROM COMPANY;
+-------------+------------+
| COMPANY_ID  |    NAME    |
+-------------+------------+
| 1           | Apple      |
```

```
| 2              | Sun         |
| 3              | IBM         |
| 4              | Microsoft   |
+----------------+-------------+
4 rows selected (0.012 seconds)
```

如果我们将输出格式设置成逗号分隔值（Comma-Separated Value，CSV）文件格式，就能够直接得到一份以逗号分隔的数据。代码清单 3-14 展示了在 SQLLine 中将输出格式设置为 CSV 文件格式的操作过程。

**代码清单 3-14　在 SQLLine 中将输出格式设置为 CSV 文件格式**

```
// 使用 "!outputformat" 命令将输出格式设置为 csv
0: jdbc:oracle:thin:@localhost:1521:mydb> !outputformat csv

// 查询 COMPANY 表，输出格式是 CSV 文件格式
0: jdbc:oracle:thin:@localhost:1521:mydb> SELECT * FROM COMPANY;
'COMPANY_ID','NAME'
'1','Apple'
'2','Sun'
'3','IBM'
'4','Microsoft'
4 rows selected (0.012 seconds)
```

如果用户需要使用一些特殊的分隔符，也可以自行配置。代码清单 3-15 展示了在 SQLLine 中将输出格式设置为 CSV 文件格式，并对分隔符和包裹属性的符号进行配置。

**代码清单 3-15　在 SQLLine 中将输出格式设置为 CSV 文件格式，并对分隔符和包裹属性的符号进行配置**

```
// 使用 "!outputformat" 命令将输出格式设置为 csv
// 与前一个示例不同，此处我们将输出格式的分隔符设置为 "###"，每个属性由 "@" 包裹
0: jdbc:calcite:model=target/test-classes/mod> !set outputFormat csv ### @

// 查询 COMPANY 表，输出格式是经过我们特殊包装过的 CSV 文件格式
0: jdbc:calcite:model=target/test-classes/mod> SELECT * FROM COMPANY;
@COMPANY_ID@###@NAME@
@1@###@Apple@
@2@###@Sun@
@3@###@IBM@
@4@###@Microsoft@
4 rows selected (0.014 seconds)
```

当然 SQLLine 不仅对 CSV 文件格式进行了扩展，它还支持很多其他的文件格式，例如 TSV、XML、JSON 等。开发人员使用 SQLLine 可以直接将其结果存储，由于 SQLLine 对于格式转换过程已经进行了很完善的封装，因此可以大大降低开发人员相关的工作量，提升开发效率，提升整体系统的性能。

## 3.2.3　其他操作

除了上述对数据库连接的管理以及数据查询方面的功能，SQLLine 在其他方面也有一些很有意思的配置信息可以进行设置。

用户可以利用 SQLLine 对当前执行的进程进行监控，直接使用"!procedures"命令就可以看到当前执行的进程的情况。代码清单 3-16 展示了使用"!procedures"命令对与 JDBC 相关的进程进行查看。

**代码清单 3-16　在 SQLLine 中查看当前执行的进程的情况**

```
0: jdbc:oracle:thin:@localhost:1521:mydb> !procedures %JDBC%
+----------------+-----------------+------------------+
| PROCEDURE_CAT  | PROCEDURE_SCHEM | PROCEDURE_NAME   |
+----------------+-----------------+------------------+
| WK_ADM         | WKSYS           | GET_JDBC_DRIVER  |
| WK_ADM         | WKSYS           | SET_JDBC_DRIVER  |
+----------------+-----------------+------------------+
```

在数据的输出方面，也可以将当前会话下所有的查询结果都输出到指定文件当中。不过在进行操作时，需要确定输出结果的起始和终止位置。代码清单 3-17 展示了通过"!record"命令将查询结果输出到指定文件当中。

**代码清单 3-17　在 SQLLine 中将查询结果输出到指定文件当中**

```
// 使用 "!record" 命令指定输出路径，将之后的数据输出到该文件当中
0: jdbc:oracle:thin:@localhost:1521:mydb> !record /tmp/mysession.out
Saving all output to "/tmp/mysession.out".
Enter "record" with no arguments to stop it.

// 查询 COMPANY 表中的数据
0: jdbc:oracle:thin:@localhost:1521:mydb> SELECT * FROM COMPANY;
+-------------+------------+
| COMPANY_ID  |    NAME    |
+-------------+------------+
| 3           | IBM        |
| 4           | Microsoft  |
| 1           | Apple      |
| 2           | Sun        |
+-------------+------------+
4 rows selected (0.011 seconds)

// 使用 "!record" 命令停止数据的输出
0: jdbc:oracle:thin:@localhost:1521:mydb> !record
Recording stopped.
```

当前的配置信息也可以保存在本地，以便下一次调用。代码清单 3-18 展示了利用"!save"命令将当前的配置信息进行保存。等到下次使用 SQLLine 时，就可以使用"!properties"命

令直接调取相关的配置，无须重新配置。

**代码清单 3-18　在 SQLLine 中将当前的配置信息进行保存**

```
0: jdbc:oracle:thin:@localhost:1521:mydb> !save
Saving preferences to: /Users/mprudhom/.sqlline/sqlline.properties
```

## 3.3　集成 CSV 文件开发实例

　　Calcite 教学案例当中的"重头戏"是集成 CSV 文件的流程，它贯穿了 Calcite 的所有模块以及执行流程的全过程。其操作大致可以分为两部分，一部分是元数据定义，另一部分是优化规则管理。

### 3.3.1　元数据定义

　　要想将 CSV 文件集成到 Calcite 当中，首先要让 Calcite 能够识别这些文件。但是 calcite-core 模块并不知道这些文件是什么，因此需要对 CSV 文件的格式进行定义，然后将这些定义注册到 Calcite 的校验层内部，这样才能够保证 Calcite "找得到""看得懂""用得了"这些文件。

#### 1．定义配置文件

　　我们需要在一个数据模型配置文件中定义一个特定的 Schema（数据模型，是一种描述数据结构的概念），同样，这个配置文件中需要写明该数据模型对应的 Schema 工厂类的位置，这样通过这个文件，Calcite 就可以知道这些 CSV 文件长什么样子，要用什么方式去调用、去解析。默认情况下，这个数据模型的配置文件是用 JSON 文件的格式来存储的。代码清单 3-19 展示了 Calcite 教学案例当中的定义数据模型的配置文件。

**代码清单 3-19　Calcite 教学案例当中的定义数据模型的配置文件**

```
{
    "version": "1.0",
    "defaultSchema": "SALES",
    "schemas": [
        {
            // name 定义了数据模型的名称
            "name": "SALES",
            // type 定义了数据模型的类型，custom 表示这是用户自定义的数据模型
            "type": "custom",
            // factory 指定了对应数据模型工厂类的全路径
            "factory": "org.apache.calcite.adapter.csv.CsvSchemaFactory",
            "operand":
```

```
        {
            "directory": "sales"
        }
      }
   ]
}
```

在代码清单 3-19 中,我们将当前的 Schema 命名为"SALES";由于类型是我们自定义的,因此此类型为"custom";针对 CSV 文件的 Schema 工厂类路径同样也在当前的文件中写明了。

当然,在这个配置文件当中,我们也需要指定表和视图的相关元数据信息,只需要在Schemas 下面添加"Tables"属性,在其中指定需要添加的表和视图的元数据信息即可。代码清单 3-20 展示了在 Calcite 中通过配置文件定义视图的方法。由于视图本身不存储数据,要建立在表之上,因此此处配置了一张表的信息和一张视图的信息。

**代码清单 3-20 在 Calcite 中通过配置文件定义视图的方法**

```
{
    version: '1.0',
    defaultSchema: 'SALES',
    schemas: [
        {
            name: 'SALES',
            type: 'custom',
            factory: 'org.apache.calcite.adapter.csv.CsvSchemaFactory',
            operand: {
                directory: 'sales'
            },
            tables: [
                {
                    name: 'DEPTS',
                    type: 'custom',
                    factory: 'org.apache.calcite.adapter.csv.CsvTableFactory',
                    operand: {
                        file: 'sales/DELTS.csv.gz',
                        flavor: "scannable"
                    }
                },
                // 在此处,我们通过将 type 配置成 view 来指定这里配置的是视图信息
                {
                    // name 定义了视图名称
                    name: 'FEMALE_EMPS',
                    type: 'view',
                    // 这里指定了视图的查询逻辑
                    sql: 'SELECT * FROM DEPTS WHERE gender = \'F\''
                }
            ]
```

```
        }
    ]
}
```

　　值得特别说明的是，在这个配置文件里面，表和视图都是放在"Tables"属性下面的，但是它并不是将数据存储在磁盘当中的物理意义上的概念，而是一个基于其他表进行查询的逻辑概念。在真正进行查询时，优化器会在逻辑计划当中，使用查询重写的方式，将原有的视图名替换为预先在视图内配置好的逻辑过程，最终将所有查询计划都交给执行引擎去执行。

　　除此以外，还有一个小细节，用户对视图的查询逻辑可能会比较复杂，对应的执行语句也很长。因此在这个配置文件里面，也支持将视图的 SQL 信息进行分行，这样可以为用户提供很大的便利。代码清单 3-21 展示了在前文所述的配置文件中 SQL 信息可以换行。

**代码清单 3-21　在 Calcite 的配置文件中 SQL 信息可以换行**

```
{
    name: 'FEMALE_EMPS',
    type: 'view',
    sql: [
        'SELECT * FROM emps',
        'WHERE gender = \'F\''
    ]
}
```

　　最终我们就能够使用这样的视图和表进行查询。代码清单 3-22 展示了我们在配置好上述配置文件以后，就可以通过 SQLLine 对 Calcite 执行查询操作。

**代码清单 3-22　通过 SQLLine 对 Calcite 执行查询操作**

```
sqlline> SELECT e.name, d.name FROM female_emps AS e JOIN depts AS d on e.deptno = d.deptno;
+---------+------------+
|  NAME   |    NAME    |
+---------+------------+
| Wilma   | Marketing  |
+---------+------------+
```

### 2. 编写 Schema 工厂类

　　前文的 CsvSchemaFactory 是一个进行元数据定义的类，它是 Calcite 教学案例工程内部的一个工厂类，实现了 SchemaFactory 接口。其在 create 方法内部基于之前的数据模型文件，实现了一个 Schema 对象。代码清单 3-23 展示了前文所述的 CSV 文件工厂类中的 create 方法的实现。

**代码清单 3-23　Calcite 的 CSV 文件中工厂类中 create 方法的实现**

```
public Schema create(SchemaPlus parentSchema,
                     String name, Map<String,
                     Object> operand) {
    String directory = (String) operand.get("directory");
    String flavorName = (String) operand.get("flavor");
    CsvTable.Flavor flavor;
    if (flavorName == null) {
        flavor = CsvTable.Flavor.SCANNABLE;
    } else {
        flavor = CsvTable.Flavor.valueOf(flavorName.toUpperCase());
    }
    return new CsvSchema(new File(directory), flavor);
}
```

　　构造 Schema 的目的是创建一个表元数据的列表。为了封装 CSV 文件的元数据信息，我们需要实现 Calcite 中的 Table 接口。除了上述的这些定义，我们还需要重写 getTableMap 方法，编写获取表元数据信息的逻辑。代码清单 3-24 展示了在 Calcite 教学案例当中，对 getTableMap 方法进行扩展的具体实现逻辑。

**代码清单 3-24　Calcite 教学案例中的 getTableMap 方法扩展的具体实现逻辑**

```
protected Map<String, Table> getTableMap() {
    // 查找".csv" ".csv.gz" ".json" ".json.gz"文件
    File[] files = directoryFile.listFiles(new FilenameFilter() {
            public boolean accept(File dir, String name) {
                final String nameSansGz = trim(name, ".gz");
                return nameSansGz.endsWith(".csv") ||
                nameSansGz.endsWith(".json");
            }
        });
    if (files == null) {
        System.out.println("directory " + directoryFile + " not found");
        files = new File[0];
    }
    // 构造表名和表的映射关系
    final ImmutableMap.Builder<String, Table> builder = ImmutableMap.builder();
    for (File file : files) {
        String tableName = trim(file.getName(), ".gz");
        final String tableNameSansJson = trimOrNull(tableName, ".json");
        if (tableNameSansJson != null) {
            JsonTable table = new JsonTable(file);
            builder.put(tableNameSansJson, table);
            continue;
        }
        tableName = trim(tableName, ".csv");
        final Table table = createTable(file);
        builder.put(tableName, table);
```

```
        }
        return builder.build();
    }
    // 基于数据源的特质，指定不同的表类型
    private Table createTable(File file) {
        switch (flavor) {
        case TRANSLATABLE:
            return new CsvTranslatableTable(file, null);
        case SCANNABLE:
            return new CsvScannableTable(file, null);
        case FILTERABLE:
            return new CsvFilterableTable(file, null);
        default:
            throw new AssertionError("Unknown flavor " + flavor);
        }
    }
```

## 3.3.2 优化规则管理

完成基本的元数据定义以后，我们将关注点转移到 Calcite 内部的执行逻辑。不同的数据源有不同的特性，为了更好地发挥这些数据源本身的特性，我们需要为对应的执行计划设定一定的优化规则，对整个执行过程进行比较细致的控制。

在 Calcite 当中，这样的用户自定义优化规则实现了插件化的管理。优化规则操作会根据用户配置的一些执行计划树的模式来进行匹配，根据这些规则来对匹配到的算子进行替换或者改写，这样就能够非常方便地对执行逻辑进行精细化的管理。代码清单 3-25 展示了我们可以在 SQLLine 客户端中，对 Calcite 使用 "explain" 命令来查看其生成的执行逻辑。

**代码清单 3-25　在 SQLLine 客户端中，使用 "explain" 命令查看 Calcite 生成的执行逻辑**

```
// 连接 Calcite 数据源
sqlline> !connect jdbc:calcite:model=src/test/resources/model.json admin admin

// 执行 "explain" 命令
sqlline> explain plan for select name from emps;
+--------------------------------------------------------+
| PLAN                                                   |
+--------------------------------------------------------+
| EnumerableCalcRel(expr#0..9=[{inputs}], NAME=[$t1])    |
|   EnumerableTableScan(table=[[SALES, EMPS]])           |
+--------------------------------------------------------+
```

在 Calcite 教学案例工程当中，我们可以看到 smart.json 文件中有一个参数是 flavor，它的值是 "translatable"，也就是 Calcite 中表类型的一种实现，可以对所有算子进行操作。代

码清单 3-26 展示了在 Calcite 教学案例中，对 CSV 文件数据源查询优化规则的实现。

**代码清单 3-26　在 Calcite 教学案例中，对 CSV 数据源查询优化规则的实现**

```java
public class CsvProjectTableScanRule
    extends RelRule<CsvProjectTableScanRule.Config> {
    // 构造方法
    protected CsvProjectTableScanRule(Config config) {
        super(config);
    }
    @Override
    public void onMatch(RelOptRuleCall call) {
        final LogicalProject project = call.rel(0);
        final CsvTableScan scan = call.rel(1);
        int[] fields = getProjectFields(project.getProjects());
        if (fields == null) {
            // 投影信息中有复杂信息，例如函数等
            return;
        }
        call.transformTo(
            new CsvTableScan(
                scan.getCluster(),
                scan.getTable(),
                scan.csvTable,
                fields));
    }
    private int[] getProjectFields(List<RexNode> exps) {
        final int[] fields = new int[exps.size()];
        for (int i = 0; i < exps.size(); i++) {
            final RexNode exp = exps.get(i);
            if (exp instanceof RexInputRef) {
                fields[i] = ((RexInputRef) exp).getIndex();
            } else {
                return null;
            }
        }
        return fields;
    }
    // 优化规则的匹配信息
    public interface Config extends RelRule.Config {
        Config DEFAULT = EMPTY
            .withOperandSupplier(b0 ->
                b0.operand(LogicalProject.class).oneInput(b1 ->
                    b1.operand(CsvTableScan.class).noInputs()))
                .as(Config.class);
        @Override
        default CsvProjectTableScanRule toRule() {
            return new CsvProjectTableScanRule(this);
        }
    }
}
```

其中，withOperandSupplier 方法声明了触发优化规则的关系代数表达式模式。一旦 Calcite 发现 LogicalProject 算子的底部只有一个没有输出的 CsvTableScan，就会触发当前的优化规则。

介绍完用户在调整执行计划时需要做的事情，接下来就可以介绍一下查询优化的整个执行过程。

首先，Calcite 并不会按照预先设定的顺序来触发优化规则。查询优化过程会针对很多分支来进行，它会对不同分支的路径进行校验，如果 A 规则和 B 规则同时在一个分支被采纳，那么 Calcite 就会同时触发两种规则，而不是非此即彼。

其次，Calcite 在选择查询计划时，会参考其执行代价。不过如果计算查询代价本身非常耗时，Calcite 也会智能地弃用查询代价的计算。

很多优化器都有一个优化血缘图，面对不同的优化规则，往往需要进行非常多的权衡，最终生成一个折衷的方案。Calcite 则会将不同优化规则全部放在一起来进行比对，没有非此即彼，也不要求反复妥协，力争达到综合最优。因此用户可以将所有优化规则都交给 Calcite 来判断。

# 3.4  本章小结

本章以 Calcite 自带的教学案例为线索，分 3 个方面对 Calcite 及其相关组件和使用过程进行了介绍：下载、编译和运行过程，SQLLine 操作方法，Calcite CSV 文件开发实例的逻辑。接下来，在深入解析 Calcite 之前，作为铺垫，我们需要了解一下数据库查询优化器和优化逻辑的一些知识。

# 第 **4** 章

# 数据库查询优化技术

正如前文所述，Calcite 是一个数据库查询优化器。它能够将人们对数据的查询需求转换为等价的查询执行计划，更加高效地对数据库执行各种操作。而在更加深入地介绍 Calcite 内部技术细节之前，我们会对数据库查询优化技术进行简单的介绍，以便读者在对 Calcite 进行深入了解以及项目开发之前，对相关的理论有一定了解。

## 4.1  什么是数据库查询优化技术

我们在使用 SQL 对数据库执行查询操作时，数据库是不会直接将 SQL 语句交给底层的计算机执行的。一方面，因为 SQL 作为一种由人类定义的语言，机器无法直接理解，更无法直接执行，需要将其转换为机器能够理解的机器指令才能执行；另一方面，直接将 SQL 语句"直译"为执行计划，往往不是最优的，数据库可能会因此而消耗更多的资源、花费更多的时间来完成查询操作。

为了解决上述两方面的问题，查询优化器应运而生。其中，SQL 语法解析的功能只是查询优化器的辅助功能，优化执行计划是其最为核心的功能。从优化执行计划的角度来看，使用查询优化器来实现数据操纵功能的过程是确定给定查询的高效执行计划的过程。在数据库当中，我们所说的执行计划一般是一棵查询树，它由一系列内部的操作符组成，这些操作符按照一定的运算关系构成查询的一个执行方案。查询优化所追求的目标，就是在数据库查询引擎中生成一系列的执行策略，并在其中选取最优的那个，尽量使查询的总代价（包括 I/O、CPU 计算、网络传输等）最小。

## 4.2  查询优化器的内外结构

查询优化器作为数据库当中的核心组件，经历了数十年的发展，也衍生出了非常多的品种。但是究其内外结构，不同种类的优化器也有一些通用的模式可以了解。本节将对优化器的内外结构进行讲解。

## 4.2.1 查询优化器的内部结构

数据库中的 SQL 有很多种，从 SQL 语句的类型上来说，有 DDL（Data Definition Language，数据定义语言）、DML（Data Manipulation Language，数据操纵语言）、DQL（Data Query Language，数据查询语言）、DCL（Data Control Language，数据控制语言）等。其中，最为复杂的就是 DQL，其他几种操作相对来说比较简单，因此优化器在对 DQL 的支持方面，"着墨"最多。

为了完善对查询操作的支持，优化器的内部可以分为以下几个部分：查询输入层、语法解析层、元数据校验层、元数据模块、语义检查层、查询优化层、数据统计模块以及物理执行层。图 4-1 展示了上述各个模块之间的关系。

图 4-1　查询优化器内部模块之间的关系

查询输入层的任务有两个，一方面，它要负责上层用户调用的查询请求的接收；另一方面，它要在正式执行解析之前，将各项参数配置好，例如 SQL 的方言、规则的注册等，为进一步操作做准备。

语法解析层的任务就是将 SQL 语句转化为树状的数据结构，也就是抽象语法树，这样就可以将人类语言转化为机器能够接受的数据结构，使计算机能够"了解"人类的意图，为进一步的算法操作提供方便。

接下来，抽象语法树会被放入元数据校验层，在这里主要进行两方面的检查：语法检查和语义检查。所谓语法检查就是根据数据库的元数据信息进行语法验证，由元数据校验层完成，主要判断所涉及的库、表、字段名称是否合法，它们的从属关系是否对应。而语义检查指的是对抽象语法树中每个节点所表达的含义进行检查，例如检查表别名是否匹配、函数参数个数和类型是否与内置函数规则对应等，这部分主要由语义检查层来承担。这个步骤是 SQL 执行含义的一个检验和保障，之后就是完全的计算机内部的优化逻辑。

经过语法检查和语义检查的算子树就正式成为"逻辑查询计划"，也就是封装了用户查询逻辑的一棵查询计划算子树。但它还不能直接交给底层的物理执行引擎来执行，因为将用户的逻辑"直译"未必是当下最佳的查询方法，需要通过一些算法来获取最优的方法来执行。这些算法可以分为逻辑计划优化和物理计划优化，具体细节将在后文介绍。

经过查询优化层的处理，数据库会获取一个最优解，也就是物理执行计划，它承载着用户的思想以及计算机基于规则和当下情形的判断，将其送入底层的物理执行引擎，最终通过它来获取数据，并返回给用户。

## 4.2.2 优化器的外部关系

如果将优化器比作数据管理系统的心脏，那么围绕在它周围的其他模块则是数据管理系统的骨架和肌肉，其中包含执行引擎、存储引擎、统计模块、索引、数据模型等。本小节主要介绍优化器与这些模块之间的关系。

### 1. 执行引擎

数据库的查询优化器可以看作数据库的查询引擎，而具体执行则会交给执行引擎。换句话来说，查询优化器类似于执行引擎的前端，查询优化器的输出就是执行引擎的输入。查询优化器的任务是将上层用户的查询任务转换为最优的执行步骤，而执行引擎本身不会对这些任务进行逻辑上的判断和优化，而是直接按部就班地去执行。我们可以将查询优化器看作对查询任务进行通盘谋划的"军师"，它需要输出的是一份计划书；而执行引擎是真正"带兵打仗"的"将军"，它要将"军师"的谋划贯彻到底。

在查询场景当中，执行引擎会消耗比较多的时间，因此查询优化器的优化效果会极大地影响执行引擎的执行效率。同样，执行引擎与查询优化器的匹配程度也非常重要，如果执行引擎本身的性能就有很大问题，或者与查询优化器不适配，那么也会降低整体的执行性能。因此"将相"皆有所长，缺一不可。

### 2. 存储引擎

上述的查询优化器和执行引擎，它们本身不会存储数据，所有数据都存储在存储引擎当中。所以，查询优化器在生成最终的执行计划时，同样要考虑存储引擎的特性。

存储引擎有很多的实现方式，每一种技术都会使用不同的存储机制、索引技术、事务相关机制，最终提供丰富的功能。尤其是在一些分布式场景下，存储引擎内部为了实现分布式锁的功能，还会添加一些分布式一致性协议，例如 Paxos、Raft 等。

因此，在查询优化器生成最终的执行计划时，同样要与当下查询的存储引擎进行适配，将相关的状态信息纳入查询计划的考量范围内，对执行计划进行不断的优化以得出最适宜于当下的运行方案。

### 3. 统计模块

为了提升查询优化器对当下物理环境的感知能力，现有的多数数据库都有统计模块。统计模块的作用就是对当前数据库中存储的数据进行刻画，进而形成当下数据分布的数学模型（例如等深直方图）以及得到当前查询操作预估的执行代价。通过这种对数据的探查，查询优化器能够清楚地了解原子操作的预估执行时间，在其中进行挑选，并最终形成预估时间最短的完整执行计划。

在现有比较成熟的数据库当中，统计模块当中的数据统计信息一般不会被实时更新。除了其优化过程当中对于数据的统计操作，用户一般也可以直接使用 SQL 语句来对数据分布进行主动探查。例如在 MySQL 当中，我们可以利用其提供的 ANALYZE 语句来更新统计信息。

因此，查询优化器在运行过程当中，尤其是计算查询代价时，也是离不开统计模块的支持的。

### 4．索引

在数据库当中，索引是一种通过对数据进行高效组织，以提升查询和写入数据效率的技术。在具体的实现方面，很多数据库都提出了有自己特色的索引方式，例如 MySQL 的 B+ 树、HBase 的 LSM 树，以及空间数据场景下经常出现的 Geohash、四叉树、R 树等。每一种索引都是为了在特定的场景下提升数据的查询和写入效率而产生的，因此它们的使用极大地影响了数据管理系统整体的执行效率。

查询优化器在执行查询任务的过程当中，也会将数据的索引考虑进来，通过对索引的选用以及对应数据读取效率，得到不同执行方式的代价，最终确定最优的执行计划。因此查询优化器与索引的关系是十分紧密的。

### 5．数据模型

数据模型是人们对于现实事物的一种数学抽象，它的存在就是为了利用计算机能够理解的数据结构来表示现实中的事物和概念。在数据库当中，数据模型发挥了重要的作用，底层的数据经过查询以后，是通过数据模型来进行逻辑封装和计算，并最终回传给用户的。

在传统数据库当中，比较常用的数据模型有层次模型、网状模型、关系模型等，而在如今的大数据时代，很多数据库都采用南向和北向模型，南向模型是指物理存储模型（一般采用键值模型来进行数据组织），北向模型是指具体的业务模型（例如通用的关系模型、时空模型、图等）。

不同的模型选用和计算方式也会影响查询的效率，自然也是优化器需要考虑的问题。从内部来看，数据模型的封装效率以及计算能力会影响数据库本身的性能；从外部来看，数据模型最后选择什么样的呈现形式，则会直接影响用户的体验。

因此数据模型的选用也是优化器不得不考虑的一个问题。

## 4.3　逻辑计划优化

如前文所述，一个完整的查询优化过程，经过前期的 SQL 语法解析以及校验，就正式进入执行计划的优化过程。执行计划的优化大体可以分为两个阶段，第一个阶段是对逻辑计划的优化，第二个阶段是对物理计划的优化。其中对逻辑计划的优化主要是对查询逻辑本身进行优化，不涉及底层数据以及物理环境的考量，其优化的理论核心就是关系代数及其等价转换。本节主要对逻辑计划的理论基础及其优化方法进行介绍。

## 4.3.1　关系代数

关系代数是一种关于数据库查询和数据管理方法的理论模型，以其为核心的关系模型在1970 年埃德加·弗兰克·考德（Edgar Frank Codd）发表的论文 "A Relational Model of Data for Shared Data Banks" 中出现，并一举奠定了其在之后几十年内在数据库领域的"江湖地位"。现有的很多被广泛使用的关系数据库（例如 MySQL、Oracle 等）都是在关系模型的基础上发展而来的。

关系模型主要分为 3 个部分：关系数据结构、关系运算集合和关系完整性约束。

关系数据结构就是我们在日常生活当中常见的表格的形式，它是一个横纵结合的表。在关系模型中，每一行的数据被称为一个元组，也被称为一条记录，大量的元组共同汇聚成一个集合，即整张表的数据。每一列则表示不同的属性，也被称为字段，它通过表的元数据进行管理，记录了不同属性的名称、数据类型以及其他的描述信息。

关系运算集合指的是对关系模型中的数据进行运算的操作方式。关系运算符主要分为四大类：集合运算符、专门的关系运算符、比较运算符以及逻辑运算符。集合运算符指的是集合的并集、交集、差集以及笛卡儿积等针对集合关系的运算符。专门的关系运算符指的是对于数据集的选择、投影、连接等操作的运算符。比较运算符的原始内涵是指大于、小于、等于这样的对于数值比较结果的真假进行判断的运算符。现在由于数据库函数的介入，比较运算符的外延有了极大的扩展，用户可以通过函数来输出真假的结果，很大程度上使得关系代数的适用范围更加广阔。逻辑运算符则是指与、或、非这样的对条件进行逻辑组织的运算符。表 4-1 展示了这 4 种关系运算符的基本内容及其在 SQL 中的示例。

表 4-1　关系运算符

| 关系运算符类型 | 关系运算 | 符号表示 | 关系运算的含义 | SQL 示例（R 集合与 S 集合，R 集合中有 x、y 两个字段，S 集合中有 y、z 两个字段） |
|---|---|---|---|---|
| 集合运算符 | 并 | ∪ | 多个关系合并元组 | SELECT * FROM R **UNION** SELECT * FROM S |
| | 交 | ∩ | 多个关系中根据条件筛选元组 | SELECT y FROM R INNER JOIN S |
| | 差 | − | 多个关系中根据条件去除元组 | SELECT y FROM R WHERE y **NOT IN** (SELECT y FROM S) |
| | 笛卡儿积 | × | 无连接条件 | SELECT R.*, S.* FROM R, S |

| 关系运算符<br>类型 | 关系运算 | 符号<br>表示 | 关系运算的含义 | SQL 示例（R 集合与 S 集合，R 集合中有 x、<br>y 两个字段，S 集合中有 y、z 两个字段） |
|---|---|---|---|---|
| 专门的关系<br>运算符 | 选择 | σ | 单个关系中筛选元组 | SELECT * FROM R **WHERE** x > 10 |
| | 投影 | π | 单个关系中筛选列 | SELECT **x, y** FROM R |
| | 连接 | ⋈ | 多个关系中根据列<br>间的逻辑运算筛选<br>元组 | SELECT R.x, S.z FROM R, S [WHERE<br>condition] |
| | 除 | ÷ | 多个关系中根据条<br>件筛选元组 | SELECT DISTINCT r1.x<br>FROM R r1<br>WHERE **NOT EXISTS**<br>(SELECT S.y<br>FROM S<br>WHERE **NOT EXISTS**<br>　(SELECT *<br>　FROM R r2<br>　WHERE r2.x=r1.x AND r2.y=S.y)<br>) |
| 比较运算符 | 大于 | > | 根据大于某个值的<br>条件筛选元组 | SELECT * FROM R WHERE x > 10 |
| | 大于等于 | >= | 根据大于等于某个<br>值的条件筛选元组 | SELECT * FROM R WHERE x >= 10 |
| | 小于 | < | 根据小于某个值的<br>条件筛选元组 | SELECT * FROM R WHERE x < 10 |
| | 小于等于 | <= | 根据小于等于某个<br>值的条件筛选元组 | SELECT * FROM R WHERE x <= 10 |
| | 不等于 | ≠ | 根据不等于某个值<br>的条件筛选元组 | SELECT * FROM R WHERE x≠10 |
| | 等于 | = | 根据等于某个值的<br>条件筛选元组 | SELECT * FROM R WHERE x = 10 |
| 逻辑运算符 | 与 | ∧ | 根据两个条件的交<br>集筛选元组 | SELECT * FROM R WHERE x = 10 AND y = 20 |
| | 或 | ∨ | 根据两个条件的并<br>集筛选元组 | SELECT * FROM R WHERE x = 10 OR x=20 |
| | 非 | ¬ | 筛选出不符合某个<br>条件的元组 | SELECT * FROM R WHERE x != 10 |

关系完整性约束则是指在关系数据库当中，为了实现对于数据的约束和限制而提出的一些相关机制。其中包含实体完整性、参照完整性以及域完整性。实体完整性指的是主属性值不能为空，而且用户可以通过一些配置使其成为唯一自增的元组标识信息。例如在 MySQL 中的主键，就能够成为标识其数据排序以及唯一性的保障。参照完整性主要是指不同表之间的引用关系。例如在 MySQL 中的外键，往往是连通不同表之间数据关系的桥梁，实现了表之间数据的关联和约束。域完整性是指限制某个列的取值要求，将该列的取值固定在一个有效的区间内。

## 4.3.2 关系代数优化规则

4.3.1 小节介绍的是一些关系代数的基本概念。对于优化器来说，它要考虑的是如何去利用这些规则来完成自己的优化使命。基于关系代数的等价转换，优化器有很多的优化规则，由于篇幅所限，本小节主要对谓词下推、常量折叠、列裁剪、条件化简这 4 个比较常用的优化规则进行介绍。

### 1. 谓词下推

在关系模型当中，所谓谓词就是条件表达式，其结果为真或假。一般情况下，它在 SQL 当中是放在 WHERE 子句或者 HAVING 子句当中的。而什么是下推呢？在关系代数当中，关系运算符一般会被组织成树状的结构，越靠近叶子节点的操作，距离数据源越近。所以谓词下推指的就是在保证关系代数运算结果相同的情况下，优化器尽可能将条件表达式挪动到靠近数据源的位置。

这样做的好处在于，我们可以在从数据源中查询数据时就将无关的数据过滤掉，极大地减少执行引擎内部的数据量，提高查询和计算的效率。

例如，我们可以对 SQL 语句进行优化。未经优化的 SQL 语句如代码清单 4-1 所示。

**代码清单 4-1 未经优化的 SQL 语句**

```
SELECT
    t1.name,
    t2.age,
    t2.class,
    t2.income
FROM
    t1
    JOIN t2 ON t1.id = t2.id
WHERE
    t2.age > 18
```

经过谓词下推以后，相关的 SQL 语句变成了如代码清单 4-2 所示的形式。

**代码清单 4-2 经过优化的 SQL 语句**

```
select
    t1.name,
    t2.age,
    t2.class,
    t2.income
from
    t1
    join (
        select
            id,
            age,
            class,
            income
        from
            t2
        where
            age > 18
    ) t2 on t1.id = t2.id
```

可以看出，原先的过滤条件"age >18"是全局的一个过滤条件，也就是说需要将前面的关系代数运算完成后才会进行这样的过滤。但是实际上，这样的过滤条件完全可以放在某一张表的子查询当中来完成。这样在与数据源进行交互的过程中，就能够将数据进行过滤，极大地减少执行引擎内部的数据量，很大程度上可以提升整体的执行速度。

**2. 常量折叠**

我们在编写 SQL 语句的过程当中，有时候会在 SQL 语句中写一些运算，例如结合已有的初等函数，基于一些数据库中封装的函数求对数、指数等，这些结果有时是确定的，而且与底层的数据源及其存储的数据无关。此时将这些运算交给底层的执行引擎是没有意义的，因为结果是由常量及其代数运算组成的一个确定值。在这种情况下，优化器会将这样的运算在其内部计算好，也就是所谓将所涉及的常量折叠在一起，即常量折叠，自行承担这部分计算的代价，然后将涉及的结果直接传递给底层的执行引擎。这样会减少执行引擎的重复计算次数，更加高效地完成查询和数据处理的任务。图 4-2 展示了一个优化器利用常量折叠的方法优化执行计划的示例。

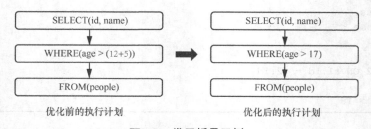

图 4-2 常量折叠示例

### 3．列裁剪

列裁剪也是数据库查询优化器经常采用的一种逻辑计划优化规则。如前文所述，关系模型中主要是通过二维表的方式来进行数据的管理的，其中每一列都代表不同的数据属性。在很多业务场景当中，我们在使用这些数据时，在数据属性这个维度上，我们可能并不需要全量的数据，而只需要其中的某些列，因此我们需要对数据进行裁剪。可以类比对一张表进行列裁剪，将不需要的列剔除掉，只将需要的列提取出来，这就是列裁剪这种优化规则的实现逻辑。图 4-3 展示了一个简单的列裁剪示例。

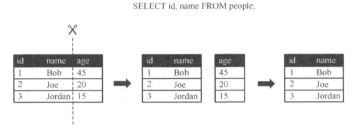

图 4-3　列裁剪示例

当然这种方法同样需要进行一些下推的操作。类比前文所述的谓词下推，优化器往往会在关系代数的运算符树上，将需要的列信息下推到距离数据源更近的位置，尽可能使执行引擎在从数据源中读取数据时就将不需要的列剔除掉。这样一方面会减少其从数据源中读取数据时所需的网络以及数据 I/O 的代价，另一方面也会减少自身进行后续操作时占用的内存空间。

### 4．条件化简

在关系代数当中，WHERE 子句、HAVING 子句、ON 子句都用到了条件表达式，内部的联系也是非常紧密的，因此根据等式和不等式的性质，这些条件表达式往往能够通过一些规则来进行化简。相关的优化方法非常多，比较常用的有将 HAVING 条件并入 WHERE 条件、去除表达式中的冗余符号、消除死码等。它们都可以很好地将这些子句内部的条件表达式进行整合和拆分，最终帮助优化器形成更为高效、可用的执行计划。

除了上述常用的优化规则，针对外连接还有外连接消除的优化规则，针对 Join 操作，不同的优化器也会利用动态规划或者蚁群算法来进行优化，类似的逻辑计划优化规则非常多。本书旨在介绍 Calcite 的使用方法以及内部的原理，因此相关的优化规则不再介绍，感兴趣的读者可以参考其他资料进行学习。

## 4.4　物理计划优化

相比针对逻辑计划的优化，物理计划的优化则更加贴近底层的存储和计算机的物理环境，它同样是一个包罗万象的部分。在前人不断研究的过程中，逐渐形成了以代价模型为基础的整套物理计划优化的理论体系。接下来，本节就针对物理计划的优化过程进行介绍。

## 4.4.1  代价模型

物理计划优化过程最重要的一步就是查询代价的估算，而这个估算的依据就是代价模型。在传统关系数据库中，这种代价估算是基于传统的计算机存储结构来设计的，图 4-4 展示了这种传统的计算机存储结构。

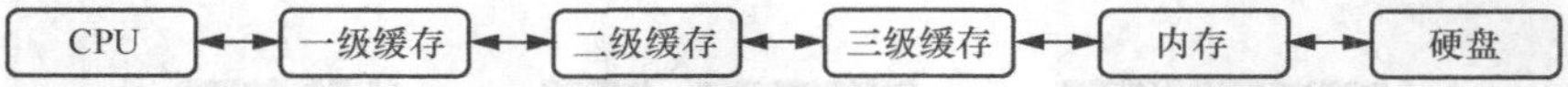

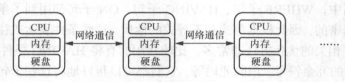

图 4-4  传统的计算机存储结构示意

查询代价估算一般基于 CPU 代价和 I/O 代价来计算，它的公式如下：

$$COST() = page\_num \times cpu\_time\_per\_page + cpu\_cost$$

其中，page_num 指查询的页数，cpu_time_per_page 指 CPU 读取每一页数据所需要的时间，cpu_cost 指 CPU 的计算代价，其中包含对数据的处理、过滤等操作。

当然这个代价模型是基于传统的单机版关系数据库的，存在非常多的局限。一方面，当前的很多分布式数据库，它们的物理代价已经不仅仅是 I/O 和 CPU 两个维度，由于涉及服务器之间的网络通信，因此网络传输以及其中不可避免的序列化和反序列化过程也成为查询过程当中不可忽视的代价。图 4-5 展示了分布式数据库的结构。

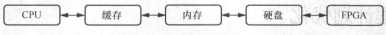

图 4-5  分布式数据库的结构示意

另一方面，随着如今云原生数据库概念的提出，越来越多的数据库进入软硬件一体化设计的阶段，上述基于传统的"CPU↔内存↔硬盘"的模型已经逐渐被一些新硬件和新架构打破。虽然目前来看，传统的代价模型还是有一席之地的，但是长远来看，新的代价模型的颠覆性力量也在慢慢酝酿。图 4-6 展示了一种加入 FPGA（Field Programmable Gate Array，现场可编程门阵列）的新型存储和计算架构。

```
CPU ◀▶ 缓存 ◀▶ 内存 ◀▶ 硬盘 ◀▶ FPGA
```

图 4-6  一种加入 FPGA 的新型存储和计算架构示意

　　虽然我们现在拥有代价模型这个理论模型，但在具体的执行过程中，我们还是需要找到相关的实现方法对其进行切分。物理计划的优化可以切分为 3 个部分：侧重于数据的逻辑代价、侧重于服务器环境的物理执行代价以及针对算法原子操作的算法代价。

## 4.4.2　逻辑代价

　　所谓逻辑代价主要是结合当前数据的基本情况和统计信息来给出的。这个部分一般需要结合统计模块的统计信息来综合使用，也需要考虑不同操作算法的关联性，通过这些估计操作，得出结合数据的逻辑代价，优化器综合这些逻辑代价信息来调整最终的执行计划。

### 1．统计每一次操作的结果集大小

　　在关系代数当中，每一次操作都包含数据的输入、输出以及内部的数据处理逻辑。由于每一次操作哪怕内部的数据处理完全一样，面对不同的数据集，它的数据输出结果和大小也是千差万别的，甚至会影响最终执行计划的制定。因此在逻辑代价的估算中，优化器需要根据数据的统计结果，对每一次操作的数据进行有效的估算，为优化器最终选择物理执行的策略提供有力的依据。

### 2．不同操作算法的关联性

　　从一般意义上来说，不同操作的算法都是孤立的。很多算法会根据数据集的特征，将很多参数暴露出来，交给用户来调整。但是在数据库这样的庞大系统当中，在产品层面，用户往往更倾向于使用更少的参数，以达到更优的效果。因此在优化层面上，需要对不同操作算法之间的关联性进行考量。一方面，很多时候优化器要根据数据集来进行动态的调整；另一方面，需要将不同操作算法进行很好的协同，以达到最优的执行效果。

## 4.4.3　物理执行代价

　　物理执行代价主要是计算关系运算在服务器当前的物理环境下执行完成所需的代价。根据经典的计算机架构，CPU、缓存、内存和外存是按顺序沿着总线排列的，因此物理执行代价的计算也会根据这几个组件分别考虑。本小节会对这几种代价进行介绍。

### 1．CPU 性能

　　作为计算机的运算核心，CPU 的性能好坏直接决定数据库本身的数据处理能力。而影响CPU 性能的维度有很多，其中比较重要的有 CPU 的架构、核心数量、线程数量、频率等。架构方面，如今的大型服务器主要使用的还是比较通用的 x86 架构，在整体性能方面，它已经做得非常优秀。近些年，另一种芯片架构——进阶精简指令集（Advanced RISC Machine，ARM）架构也逐渐被采用，在一些特定的应用领域，它也有非常明显的优势。核心和线程方面，对数据库来说，影响比较大的是其并行度，尤其是随着向量化执行的逐渐流行，很多数据库在 CPU 的调用方式上都采用 SIMD（Single Instruction Multiple Data，单指令多数据流）的技术，可以极大地提升数据库底层的计算效率，ClickHouse（俄罗斯公司 Yandex 主导的开源数据库，采用 SIMD 技术，在目前开源数据库当中，性能是数一数二的）就是其中的杰出代表。除了上述维度，CPU 的主频也是一个需要考虑的因素，由于计算机的操作在时钟信号的控制下分布执行，在每个时钟信号周期内完成一步操作，因此时钟频率的高低在很大程度上反映了 CPU 运算速度的快慢。一般情况下，主频与 CPU 的运算速度是有正相关的关系的，但是并不是简单的线性关系，因此数据库在使用时，还需要根据 CPU 当时的具体情况来进行具体分析。

### 2．缓存命中率

在计算机当中，距离 CPU 最近的一部分存储叫作缓存。由于距离 CPU 比较近，因此缓存内的数据可以非常快速地对运算指令进行响应，非常适合将数据库中一些高频访问的数据放在缓存中，缩短数据的查询时间。但是由于一般情况下，缓存产品比较贵，而且其存储空间也非常小，因此数据库一般无法将大量的数据放在缓存当中，一般会采用一些算法，例如将最近访问的数据块存放到缓存中。图 4-7 给出了缓存中数据被命中和未被命中的示意。CPU在获取 data01 数据时，由于缓存中预先存储了这条数据，因此能够很快地获取，也就是说，该数据被命中了。但是当它获取 data02 数据时，发现缓存当中没有这条数据，就需要到内存甚至硬盘当中搜寻这条数据，也就是说，该数据未被命中。

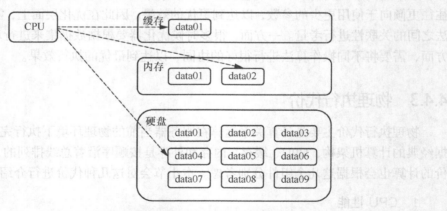

图 4-7　缓存中数据被命中和未被命中的示意

针对这一情况，缓存命中率的概念就产生了。如何让更多的查询所需的数据能够直接从缓存当中获取呢？一方面，需要对数据缓存的机制进行设计；另一方面，优化器在制定执行计划时，需要结合缓存内数据的情况来对执行计划进行调整，这样尽可能地缩短数据获取的时间。

### 3．内存代价

在经典的计算机架构当中，内存处于 CPU 和硬盘中间，而且相对来说内存比缓存便宜，所以它通常情况下能够兼顾硬盘的大容量和缓存的数据高效读取的特性。但是它本身也有弊端，主要体现在无法持久化。这个问题可能会带来很多其他问题，例如如果海量数据放到内存当中，需要进行大规模的数据排序，那么内存资源就无法进行有效的释放。而且，如果在计算过程当中产生的非常多的小对象无法及时清理，很容易造成内存泄漏或者内存溢出的情况。因此优化器在生成执行计划时，需要对这方面的问题进行考虑，要保证充分利用内存本身的优势，但是不能使其过载，有一些数据库在处理计算时，会将一些重要的中间结果数据持久化到内存当中，就是为了避免类似的事故发生，否则内存也会不堪重负，那就得不偿失了。

### 4．硬盘读写代价

最后就是硬盘了。通常来说，在服务器当中，存储空间最大的组件就是硬盘。除了容量大，硬盘还有不易失的特性，比较可靠。然而其弊端也非常明显，由于距离 CPU 比较远，因此从硬盘读取数据会比较慢。从硬盘读取数据也可以分为两种，一种是随机读写，另一种是顺序读写。随机读写是指文件指针可以根据需要随机移动，而顺序读写是指文件指针需从头移动到尾。在我们使用的机械硬盘当中，随机读写的性能是远远低于顺序读写的，基于这个原因，现在很多数据库的存储引擎也分化出了行式存储和列式存储两种数据管理方式。从优化器的角度来看，在进行查询计划的优化时，就需要将这些问题考量进来，选用更加高效的数据读取方式，可以极大地降低硬盘读写代价。

## 4.4.4　算法代价

除了上述数据方面和物理环境方面的问题，优化器在生成执行计划时，也需要对单个算法的原子操作的代价进行考量。合理地选择算法，往往能够使整体的执行性能有指数级别的提升。例如在一些智慧城市的业务场景下会用到地理信息数据，由于地理信息数据往往比较复杂，尤其是涉及一些复杂区域的连接计算时，是需要对应的算法来进行支持的。现有的几大开源组件都能够满足这样的需求，但是它们对于相同需求的算法实现则各有不同，同样的功能，性能差异甚至达到 30 倍以上。因此优化器同样需要对这些细粒度的算法进行合理的选用，否则容易产生新的性能瓶颈。

# 4.5　优化模型

前文讲述了优化器在不同阶段需要关注的问题以及对应的优化方法，基于这些思考，不同的数据库也给出了自己的查询优化解决方案。能不能对这些解决方案进行总结和抽象,形成一些可以复用的范式呢? 答案是能。在一代又一代数据库查询优化技术的研究者的努力之下,形成了一些比较经典的查询优化模型,本节会对其中应用比较广泛的启发式模型、火山模型以及向量化模型进行介绍。

## 4.5.1 启发式模型

启发式模型源于启发式算法的思想,也就是根据常识或者经验来构造算法,在可接受的代价范围内给出对应组合优化问题每一个实例的一个可行解。其特点就是依靠先验的规则来穷尽所有的解法,但是最终的解法未必是最优解。

启发式模型的运作依赖人为预先设定的规则,而最终产生的执行计划是否是当前的最优解,可能并不一定,因为人类的智慧和对数据库系统的感知能力显然没有到达这样的深度。这种优化模型实现起来相对比较简单,只需要对对应的规则进行封装,就能够让数据库优化器具备数据查询和计算的能力。换句话说,基于启发式模型的工程实现就是一个简单的基于规则的优化器。

但是其弊端也非常明显,由于服务器的物理环境、数据分布情况的易变以及算法时空复杂度的不可预知,这样的预设规则很容易陷入局部最优的情况中,最终影响系统整体的查询效率。因此启发式模型在早期的数据库中比较适用,但是现如今,无论是数据的数量、算法复杂度还是服务器硬件情况的变化,都已经超出启发式模型的能力范畴,逐渐走入下一个阶段。

## 4.5.2 火山模型

火山模型将关系代数中每一种操作都抽象成一个运算符,将整个 SQL 语句的逻辑结构抽象成一个运算符树。查询操作由顶部的根节点发起,通过 next 接口,数据被自下而上逐级拉起,向上移动,如同火山喷发,因此被称为火山模型。

我们可以通过一个实例来对这个过程进行了解。具体如代码清单 4-3 所示。

**代码清单 4-3 一条 SQL 语句**

```
SELECT
    id,
    name,
    age
FROM
    people
WHERE
    age > 30
```

图 4-8 展示了对应代码清单 4-3 的火山模型。

这是一条非常简单的 SQL 语句，但是我们能够看出来，用户在这个模型当中可以直接通过迭代的方式逐条获取数据，在具体操作时是非常方便的。这样的迭代数据的方式不会给用户带来查不出数据的感觉，比较人性化；而且各个操作符都是独立的，开发人员可以根据自己的需要来扩展，非常方便。

火山模型的实现也是比较容易的，因为它本身就是基于关系代数的结构来设计的，逻辑上是非常严谨的，而且对开发人员来说比较容易理解。但是其缺点就是因为每个运算节点都会调用 next 方法，而且在执行计划产生时，很多底层数据类型都不确定，在每个节点内部都多出了大量的数据类型的判断逻辑，二者都会带来大量的虚函数调用，从而降低 CPU 的利用率。现在很多使用火山模型的数据库优化器都采用动态代码生成技术来解决这个问题，通过在运行时生成对应的代码来对冲虚函数调用导致的硬件层上下文切换带来的延迟，收到了不错的效果。

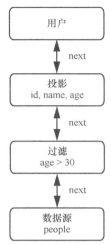

图 4-8　对应代码清单 4-3 的火山模型示意

除此以外，还有一个需要注意的点，火山模型也会像前面的启发式模型一样，由于只人为地注入了一些优化规则，导致局部最优但是全局性能偏低的情况吗？火山模型本身没有解决这个问题，但是在其发展过程当中，一些工程师也将代价模型引入，实现了基于代价的优化模型的构建，这样就能够保证火山模型不仅考虑到逻辑上的优化规则，还从数据、物理环境以及算法复杂度多个维度来共同完成执行计划的优化任务。Calcite 就是通过火山模型来整合基于规则的优化逻辑以及基于代价的优化逻辑的，后文会有详细的介绍。

### 4.5.3　向量化模型

向量化模型是近几年数据库领域非常火的一个概念，也是基于火山模型的一种改良（最初工程师们希望通过批处理的方式来解决火山模型当中虚函数调用过多的问题）。但是由于其优异的性能，向量化模型在业界也逐渐"自立门户"，成为一个单独的优化模型。

向量化模型的结构与火山模型的类似，是通过关系代数操作符组成的树状结构来组织查询逻辑的，也是利用迭代的方式来实现数据的逐级向上拉取的操作的。向量化模型的特殊之处在于，其底层拉取的数据不再是单行数据，而变成了多行数据。也就是说，迭代的数据不是一个点，而是一个线状的数据，计算的单元也不再是一个标量，而是一个向量。当遇到一个 a+b 的表达式时，单次迭代不再是返回一行结果，而是计算两列相加的结果。

向量化模型的优势非常明显，一方面，通过批处理的方式，很大程度上是可以提升整体的查询效率的，而且数据的返回速度也会非常快；另一方面，随着硬件层面迭代速度的加快，很多硬件层面上对向量化的支持也助推了向量化模型的发展，这样就给向量化模型带来了新的机会。因此，它后续的发展还是非常值得期待的。

## 4.6　本章小结

本章主要对数据库查询优化技术进行简单的介绍。首先从优化器的内外结构、逻辑计划优化和物理计划优化 3 个角度阐述了数据库查询优化技术所关注的问题和对应的解决方案。然后通过对几种优化模型的简单介绍，说明了数据库查询优化技术的几种实现范本。数据库查询优化技术随着数据库技术的发展已经经历了数十个春秋，其作为数据库系统的心脏，是非常"硬核"的，相关文献更是浩如烟海。我们在撰写这一章时是怀着敬畏之心的，不敢言知，只为抛砖引玉。接下来就对 Calcite 的各个部分进行深入的介绍，并对之前的查询优化理论进行实践。

# 第 5 章

# 服务层

服务层是与 Calcite 进行交互的第一站，也是 Calcite 整个生态中与用户交互的最前端，因此本书将服务层作为介绍 Calcite 内部结构的第一章。服务层，顾名思义，是为用户提供服务的一个模块，它的任务在于转发用户的请求以及封装结果并返回给用户。这个模块承担非常重要的责任，因此 Calcite 现在已经将其独立出来，形成单独的子项目——Avatica。本章将从以下几个方面来介绍服务层的内容：

- Avatica 构架介绍；

- Avatica 执行结构和流程；

- Avatica 鉴权；

- 客户端驱动；

- 命令行工具。

## 5.1 Avatica 架构介绍

Avatica 是一个数据库服务管理框架，用户可以通过实现它提供的接口，接入不同的数据库。其实现主要分为两个方面，一方面实现了 JDBC 协议，另一方面实现了对 RPC 通信协议的管理。最初，Avatica 是 Calcite 的一个子模块，主要负责对外提供服务。由于它其实并不依赖于 Calcite 的其他模块，而且可以成为一个通用的服务封装框架，因此 Calcite 将其独立出来，形成一个单独的子项目。

在数据服务协议实现方面，业界常见的数据服务协议有两种：开放式数据库连接（Open Database Connectivity，ODBC）协议和 JDBC 协议。Avatica 使用 Java 语言实现了 JDBC 的部分规范，ODBC 暂未实现。官方目前只有 Java 客户端，而开源数据库 Phoenix 实现了 Go、C#、Python 等客户端，可以作为参考。

Avatica 处于 Calcite 和调用程序中间，是 Calcite 最贴近用户的一个部分，为了方便用户使用，完成了对 JDBC 的实现。它的职责主要包含以下 4 个方面：

- 接收客户端的 SQL 请求；

- 校验用户的配置信息（例如校验用户名和密码）；

- 转发给 calcite-core 模块执行；

- 封装结果请求并返回。

从程序执行流程的角度来看，Avatica 的架构主要分为两大部分，即客户端和服务端，服务端与 calcite-core 模块的 JDBC 驱动进行连接。图 5-1 展示了 Avatica 的整体架构。

在客户端，Avatica 基于不同的语言，分别实现了对应的驱动，如针对 Java 语言的 Avatica 远程 JDBC 驱动，针对 Python 语言的 Python 驱动，针对 C 语言的 Avatica ODBC 驱动。这些驱动使用服务端 RPC 技术来完成其调用逻辑。

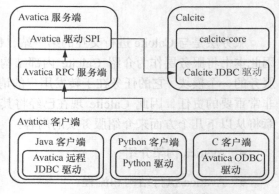

图 5-1　Avatica 的整体架构

而在服务端，Avatica 实现了两方面的功能，其一是接收客户端的 RPC 请求，这个任务是由 Avatica RPC 服务端来承担的；其二是将请求转发到数据库并获取结果。在这个请求转发的过程中，为了兼容多种数据库，实现灵活的扩展性，Avatica 使用了 Java 当中的服务提供接口（Service Provider Interface，SPI）技术。

SPI 是 Java 本身实现的服务发现接口，服务提供分为两个角色：服务定义方（这里是 Avatica）和服务提供方（这里是其他数据库）。

服务提供方在 META-INF/services 目录下声明一些类的全路径，这些类实现了服务定义方的服务接口，在代码运行时，服务定义方能在这个目录下找到自己服务接口的实现类，然后加载并运行。

Avatica 作为服务定义方，提供驱动注册（UnregisteredDriver）接口，继承 JDBC 规范里的 java.sql.Driver 接口，并根据自己需要做了一些实现，数据库提供商需要实现该接口，这些接口会被 Avatica RPC 服务器调用。

除了 Avatica 本身的服务端和客户端，为了实现整个数据库连接服务的顺利执行，calcite-core 模块也要以数据库的角色接入这个体系当中，所以 Calcite 也实现了自己的驱动和

Avatica 声明的相关接口，用于区分请求和回传数据。

# 5.2　Avatica 执行结构和流程

由前文可知，Avatica 最重要的功能之一就是提供服务，而实现这个功能的核心接口就是 Service 和 Meta 接口。本节将对这两个接口及其子类实现进行讲解，最后对服务启动的方式进行介绍。

## 5.2.1　Service 接口

Service 接口是 Avatica 定义的核心 API，用来处理请求和响应。它的作用是将请求和响应代理到后面要讲的 Meta 接口。

从其本身提供的功能来看，由于其严格遵守了 JDBC 规范，因此其对请求和响应的每一步都进行了详细的定义，这些接口大体可以分为 3 类：

- 元数据请求，例如库、表、类型信息；

- 执行查询和获取结果请求，例如 Execute 和 Fetch；

- 事务请求，例如 Commit 和 Rollback。

Service 接口定义如代码清单 5-1 所示。

**代码清单 5-1　Service 接口定义**

```
/**
 * Service 接口
 */
public interface Service {
    // 数据库请求
    ResultSetResponse apply(CatalogsRequest request);
    // 表元数据请求
    ResultSetResponse apply(SchemasRequest request);
    // 表请求
    ResultSetResponse apply(TablesRequest request);
    // 表类型请求
    ResultSetResponse apply(TableTypesRequest request);
    // 类型信息请求
    ResultSetResponse apply(TypeInfoRequest request);
    // 字段请求
    ResultSetResponse apply(ColumnsRequest request);
    // 准备请求
    PrepareResponse apply(PrepareRequest request);
    // 执行请求
```

```
    ExecuteResponse apply(ExecuteRequest request);
    // 准备并执行请求
    ExecuteResponse apply(PrepareAndExecuteRequest request);
    // 同步结果请求
    SyncResultsResponse apply(SyncResultsRequest request);
    // 拉取数据请求
    FetchResponse apply(FetchRequest request);
    // 创建表达式
    CreateStatementResponse apply(CreateStatementRequest request);
    // 关闭表达式
    CloseStatementResponse apply(CloseStatementRequest request);
    // 开启连接请求
    OpenConnectionResponse apply(OpenConnectionRequest request);
    // 关闭连接请求
    CloseConnectionResponse apply(CloseConnectionRequest request);
    // 同步连接请求
    ConnectionSyncResponse apply(ConnectionSyncRequest request);
    // 数据库配置请求
    DatabasePropertyResponse apply(DatabasePropertyRequest request);
    // 提交请求
    CommitResponse apply(CommitRequest request);
    // 回滚请求
    RollbackResponse apply(RollbackRequest request);
    // 预处理和批处理请求
    ExecuteBatchResponse apply(PrepareAndExecuteBatchRequest request);
    // 批处理请求
    ExecuteBatchResponse apply(ExecuteBatchRequest request);
}
```

Service 接口的实现类通过整合 Request 和 Response 对象，就可以完成服务执行的任务，如代码清单 5-2 所示，Request 对象有一个 accept 方法，专门用来接收 Service 接口的实现，并最终输出一个 Response 对象。

**代码清单 5-2　Request 类定义**

```
abstract class Request extends Base {
    // 接收服务信息
    abstract Response accept(Service service);

    // 反序列化消息
    abstract Request deserialize(Message genericMsg);

    // 序列化消息
    abstract Message serialize();
}
```

从其子类实现的角度来看，Service 接口的实现方法很简单，除去序列化带来的抽象，主要分为 Local 和 Remote 的实现。它们的区别非常明确：Local 只需要在当前进程内调用，也就是在一个方法内调用；而 Remote 则使用了 RPC 技术，将请求发送到远端调用并获取结果，这个过程就涉及网络请求和序列化。从最终结果来看，Remote 的调用表现和 Local 并无区别。图 5-2 给出 Service 接口及其子类示意。

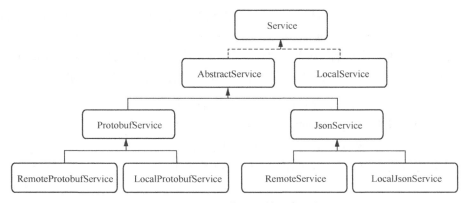

图 5-2 Service 接口及其子类示意

我们可以发现，LocalService 没有实现类，而 AbstractService 下既有 Local 又有 Remote 实现。这里区分开的原因是，Service 的作用是将请求传递给 Meta 处理，LocalService 的作用是将请求传递给 Local Meta，供 Avatica 服务端使用，而 AbstractService 下虽然既有 Local 又有 Remote，但我们都应该将其理解成 Remote 调用，供客户端使用。客户端使用 Local XxxService 时，意味着 Service 服务就在当前进程内，这种情况可以在 Avatica 的测试类里找到。

这个远程调用的过程较为复杂，为了更加清晰地解释这个流程，图 5-3 展示了调用过程。在远程调用时，客户端发起请求，使用 RemoteService 类的 apply 方法，使用 HTTP 客户端将请求发送到服务端（Calcite）。在服务端，程序会调用 LocalService 类的 apply 方法，调用 Meta 接口的实现进行请求处理，最终将一切请求都传递给 Meta 接口。

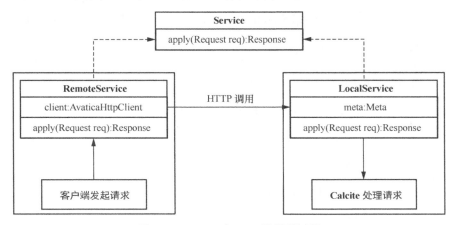

图 5-3 Avatica 中 RPC 的调用过程

## 5.2.2 Meta 接口

Meta 接口主要用来封装数据库使用时可能用到的操作，比如建立连接（openConnection）、构建表达式对象（createStatement）、执行查询（execute）、获取结果（fetch）、关闭连接（close Connection）等。而建立连接后，中间几步是可以操作很多次的。可以看出，目前由于 Avatica 只支持 JDBC 规范，Meta 接口也严格遵守了 JDBC 规范，允许用户进行扩展。

在具体的代码层面，Meta 接口的声明比较复杂，其名字并不能全面描述其功能。最初它只是一些元数据方法，所以取名为 Meta，然而随着后续架构的不断完善，逐渐囊括很多其他的内容。图 5-4 给出 Meta 接口及其子类示意。

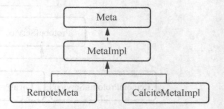

图 5-4　Meta 接口及其子类示意

可以看出，在具体的实现层面，Meta 接口针对不同的场景，做了不同的实现。如果想使用 Avatica 的数据库必须实现 Meta 接口，准确地说是 MetaImpl 抽象类（Avatica 通过 MetaImpl 实现 Meta 接口部分逻辑）。

获取元数据的方法，类似 java.sql.DatabaseMetaData 接口的方法，如代码清单 5-3 所示。

**代码清单 5-3　获取元数据**

```
// 获取表元数据
MetaResultSet getTables(...)
// 获取字段元数据
MetaResultSet getColumns(...)
// 获取 schema 元数据
MetaResultSet getSchemas(...)
...
```

执行操作的方法，类似 java.sql.Statement 接口的方法，如代码清单 5-4 所示。

**代码清单 5-4　Statement 定义方法**

```
// 构建迭代器
Iterable<Object> createIterable(...)
// 准备操作
StatementHandle prepare(ConnectionHandle ch, String sql, long maxRowCount);
// 准备和执行操作
ExecuteResult prepareAndExecute(...)
// 批量执行操作
ExecuteBatchResult executeBatch(...)
// 拉取数据操作
Frame fetch(StatementHandle h, long offset, int fetchMaxRowCount)
// 执行操作
ExecuteResult execute(...)
```

还有一些和连接相关的方法，类似 java.sql.Connection 接口的方式，如代码清单 5-5 所示。

**代码清单 5-5　Connection 定义方法**

```
// 创建表达式对象
StatementHandle createStatement(ConnectionHandle ch);
// 关闭表达式对象
void closeStatement(StatementHandle h);
// 打开连接
void openConnection(ConnectionHandle ch, Map<String, String> info);
// 关闭连接
void closeConnection(ConnectionHandle ch);
// 提交事务
void commit(ConnectionHandle ch);
// 回滚事务
void rollback(ConnectionHandle ch);
```

那么 Meta 接口具体怎么实现呢？Avatica 实现了一个抽象类 MetaImpl，定义了 Meta 中部分空实现，大部分实现还是需要数据库端去实现的。图 5-4 中，CalciteMetaImpl 就是 calcite-core 模块实现的，并不属于 Avatica；而 RemoteMeta 是 Avatica 实现的，其所有实现都是通过 Service 实现远程调用的。代码清单 5-6 展示了获取表元数据的代码逻辑。

**代码清单 5-6　获取表元数据的代码逻辑**

```
@Override
public MetaResultSet getTables(final ConnectionHandle ch,
                               final String catalog,
                               final Pat schemaPattern,
                               final Pat tableNamePattern,
                               final List<String> typeList) {
    return connection.invokeWithRetries(
        new CallableWithoutException<MetaResultSet>() {
            public MetaResultSet call() {
                final Service.ResultSetResponse response = service.apply(
                    new Service.TablesRequest(ch.id,
                                              catalog,
                                              schemaPattern.s,
                                              tableNamePattern.s,
                                              typeList));
                return toResultSet(MetaTable.class, response);
            }
        });
    }
```

connection.invokeWithRetries 是调用失败并重试的封装，核心部分是 service.apply (Request)。这里的 TablesRequest 封装了请求参数，由 Service 实例的类型决定是本地调用还是远程调用。客户端会使用远程调用，Service 实例是 RemoteXxxService，其实现里会调用 RemotetMeta 发起请求。

## 5.2.3 启动服务

经过前面对于 Service 和 Meta 接口的定义和实现，接下来就需要启动服务。启动服务的过程就是初始化 Service 和 Meta 接口，然后启动 HTTP 服务。

随书配套的示例代码使用了 LocalService 和 JdbcMeta，JdbcMeta 是 Avatica 源码里 server 模块提供的一个示例代码，用于接入遵循 JDBC 协议的数据库，相当于一个适配器，起桥接作用，代码中最终连接的是 MySQL 数据库。HTTP 服务由 Jetty[1]实现，Avatica 做了一些封装，将自己的 Service 框架和序列化逻辑嵌入进去，同时支持一些鉴权方式。启动服务过程如代码清单 5-7 所示。

**代码清单 5-7　启动服务过程**

```
int port = 8765;
String url = "jdbc:mysql://localhost:3306/db_cdm";
final JdbcMeta meta = new JdbcMeta(url, "root", "root123");
final LocalService service = new LocalService(meta);

final HttpServer server = new HttpServer.Builder<>()
        .withPort(port)
        .withHandler(service, Driver.Serialization.PROTOBUF)
        .withDigestAuthentication(readAuthProperties(), new String[]{"users"})
        .build();
server.start();
server.join();
```

# 5.3　Avatica 鉴权

为了保证网络通信的安全，服务器都有鉴权模块来负责相关的任务。Avatica 实现的 HttpServer 里可以配置 3 种已有的鉴权方式，并且支持自定义，相关的信息可以在 Mozilla 官网中 HTTP 身份验证的部分进行查找。代码清单 5-8 展示了配置鉴权方式的实现逻辑。

**代码清单 5-8　配置鉴权方式的实现逻辑**

```
private ConstraintSecurityHandler getSecurityHandler() {
    ConstraintSecurityHandler securityHandler = null;
    switch (config.getAuthenticationType()) {
        case SPNEGO:
            // 获取 SPNEGO 的鉴权操作器
            securityHandler = configureSpnego(server, this.config);
            break;
```

---

1　Jetty 是一个开源的 Servlet 容器，也是一个基于 Java 的 Web 容器。

```
        case BASIC:
            securityHandler = configureBasicAuthentication(server, config);
            break;
        case DIGEST:
            securityHandler = configureDigestAuthentication(server, config);
            break;
        default:
            // 对于默认情况，直接放行，不做鉴权
            break;
    }
    return securityHandler;
}
```

BASIC 和 DIGEST 的鉴权详情均可参考请求评论（Request For Comment，RFC）规范中的内容，我们主要说明其用法。

在启动 Jetty 实现的 HTTP 服务时，我们可以指定一种鉴权方式，如代码清单 5-9 所示。

**代码清单 5-9  启动服务时指定认证方式**

```
final HttpServer server = new HttpServer.Builder<>()
            .withPort(port)
            .withHandler(service, Driver.Serialization.JSON)
            // 采用 BASIC 的认证方式
            .withBasicAuthentication(readAuthProperties(), new String[]{"users"})
            // 采用 DIGEST 的验证方式
            .withDigestAuthentication()
            // 采用 SPNEGO 的验证方式
            .withSpnego()
            .build();
```

每种鉴权的参数不尽相同，我们一一说明。

## 5.3.1  BASIC

基本鉴权方式（BASIC）是常见的一种鉴权方式，在这种方案中，凭证信息由使用用户的 ID/密码来承载，而且这个信息使用 Base64 算法[1]进行编码。在使用这种方案时，我们需要两个参数：用户信息以及角色信息。

（1）用户信息：符合 Jetty 鉴权格式的文本。代码清单 5-10 展示了用户信息的一个示例。文件格式为每一行是一个用户信息，每一行的构成为"用户：密码，角色 1，角色 2，…，角色 $n$"。

**代码清单 5-10  用户信息列表示例**

```
USER1: password1,role1,users
USER2: password2,role2,users
```

---

1  Base64 是一种基于 64 个可输出字符来表示二进制数据的算法。

```
USER3: password3,role3,users
USER4: password4,role4,admins
USER5: password5,role5,admins
```

（2）角色信息：指定允许访问的用户角色，可以指定多个，如代码清单 5-11 所示。

**代码清单 5-11　角色信息示例**

```
new String[]{"users","admins"}
```

启动服务后，就可以接收客户端的访问。客户端通过 JDBC 访问示例如代码清单 5-12 所示。

**代码清单 5-12　客户端通过 JDBC 访问示例**

```
// 配置信息
final Properties p = new Properties();
p.put("avatica_user", "USER1");
p.put("avatica_password", "password1");

// 获取连接并执行操作
try (Connection conn = DriverManager.getConnection(
        "jdbc:avatica:remote:url=http://localhost:8765;" +
        "authentication=BASIC", p)) {...}
```

我们可以在 URL 里指定鉴权方式为 BASIC（authentication=BASIC），也可以在 Properties 里指定。

## 5.3.2　DIGEST

DIGEST 鉴权的内部计算方式和 BASIC 鉴权的不一样，详情同样可以参考 RFC 的相关规范文件。但对用户来说，两种认证的使用方式一样，只需要修改鉴权类型。DIGEST 配置方法如代码清单 5-13 所示。

**代码清单 5-13　DIGEST 配置方法**

```
final HttpServer server =
    new HttpServer.Builder<>()
        .withDigestAuthentication(readAuthProperties(), new String[]{"users"})
        .build();
```

客户端访问示例如代码清单 5-14 所示。

**代码清单 5-14　客户端访问示例**

```
// 配置信息
final Properties p = new Properties();
p.put("avatica_user", "USER1");
p.put("avatica_password", "password1");
```

```
// 获取连接并执行操作
try (Connection conn = DriverManager.getConnection(
        "jdbc:avatica:remote:url=http://localhost:8765;" +
                "authentication=DIGEST", p)) {...}
```

## 5.3.3　SPNEGO

简单且受保护的 GSS-API 协商（Simple and Protected GSS-API Negotiation，SPNEGO）机制是一种鉴权规范，是通用安全服务（Generic Security Service，GSS）应用接口的一个扩展。GSS 是为了让程序员在开发需要安全机制的应用时，不需要关心平台和协议细节，就能开发出跨平台（和操作系统无关）、跨协议（不管是 TCP/IP 还是 RPC）、跨机制（也就是各种实现，如 Kerberos、Diffie-Hellman 和 SPNEGO 等）的程序。目前使用最广泛的是 Kerberos[1]，SPNEGO 在 Kerberos 的基础上做了一点修改。

我们在附书代码里写了一个 SPNEGO 测试，能同时启动一个本地 Kerberos 分布式中心（Kerberos Distribution Center，KDC）服务，作为中间的授权服务器，具体实现逻辑如代码清单 5-15 所示。

SPNEGO 的参数为 realm 和 principal，realm 叫作域，一般表示网络范围，通常是公司域名 EXAMPLE.COM；principal 叫作主体，代表用户的唯一身份，可以是用户或服务。

Kerberos 的 URL 结构通常为 primary/instance@realm，primary 代表主名称，可以是用户名或服务名；instance 代表实例，可选的，比如用户没有实例，但服务有；realm 就是前面的域。代码清单 5-15 中的 server.keytab 其实是一个文件对象，代表服务端的.keytab 文件，相当于私钥，相对地，客户端也有一个.keytab 文件，相当于公钥。

**代码清单 5-15　SPNEGO 的实现方式**

```
HttpServer httpServer = httpServerBuilder
                        .withPort(0)
                        .withAutomaticLogin(new File("/path/xxx/server.keytab"))
                        .withSpnego(SpnegoTestUtil.SERVER_PRINCIPAL,
                                    SpnegoTestUtil.REALM)
                        .withHandler(localService, serialization)
                        .build();
httpServer.start();
```

当客户端使用 SPNEGO 鉴权请求时，URL 里的 authentication 需要配置为 SPNEGO，principal 需要和服务端保持一致，keytab 代表客户端.keytab 文件的全路径。URL 的书写示例如代码清单 5-16 所示。

---

[1] Kerberos 是一种计算机网络授权协议，用来在非安全网络中对个人通信以安全的手段进行身份认证。

**代码清单 5-16　URL 的书写示例**

```
String url ="jdbc:avatica:remote:url=http://localhost:50464;authentication=SPNEGO;"+
        "serialization=PROTOBUF;principal=client@EXAMPLE.COM;"+
        "keytab=D:\xxx\\target\SpnegoTest_keytabs\client.keytab;"
try (Connection conn = DriverManager.getConnection(url)){…}
```

## 5.3.4　自定义鉴权

如果 Avatica 提供的鉴权不能满足要求，可以修改其源码来自定义鉴权。AbstractAvatica-Handler 类会作为统一入口进行鉴权，里面的 isUserPermitted 方法可以用于统一鉴权。如代码清单 5-17 所示，可以从 request 里获取所有参数，当鉴权失败时返回 false，并写入异常信息。

**代码清单 5-17　自定义鉴权的实现方式**

```
HttpServletRequest request, HttpServletResponse response) throws IOException {
    // 确保我们先拦截未授权的用户
    if (null != serverConfig) {
        if (AuthenticationType.SPNEGO == serverConfig.getAuthenticationType()) {
            String remoteUser = request.getRemoteUser();
            if (null == remoteUser) {
                response.setStatus(HttpURLConnection.HTTP_UNAUTHORIZED);
                response.getOutputStream().write(UNAUTHORIZED_ERROR.serialize().
                        toByteArray());
                baseRequest.setHandled(true);
                return false;
            }
        }
    }
    return true;
}
```

# 5.4　客户端驱动

客户端和具体的程序语言相关，因此种类繁多。Avatica 本身由 Java 开发，因此自带 Java 驱动，其他语言的驱动由社区和个人开发提供，其中比较完善的是 Phoenix，包括 C#、Go、Python 等驱动。下面以 Java 和 Python 这 2 种使用很广泛的语言为例简述驱动的用法，对于其他语言，读者可以根据官网提供的文档学习。

## 5.4.1　Java 驱动

在使用 Maven 进行管理的 Java 项目当中，我们可以使用官方提供的依赖坐标，将相关的依赖加载进来，如代码清单 5-18 所示。

**代码清单 5-18　Java 驱动的依赖加载坐标**

```
<dependency>
    <groupId>org.apache.calcite.avatica</groupId>
    <artifactId>avatica-core</artifactId>
    <version>${avatica-version}</version>
</dependency>
```

采用 JDBC 的方式连接和获取数据，需要注意 2 个地方：

● 鉴权方式，这里采用 DIGEST；

● 序列化方式，这里采用 PROTOBUF[1]。

具体的调用过程如代码清单 5-19 所示。

**代码清单 5-19　Java 驱动的具体调用过程**

```
// 添加配置信息
final Properties p = new Properties();
p.put("avatica_user", "USER1");
p.put("avatica_password", "password1");
p.put("serialization", "protobuf");

// 获取连接并展开下面的查询逻辑
try (Connection conn = DriverManager.getConnection(
        "jdbc:avatica:remote:url=http://localhost:8765;" +
                "authentication=DIGEST", p)) {
    final Statement statement = conn.createStatement();
    final ResultSet rs = statement.executeQuery("SHOW DATABASES");
    assertTrue(rs.next(
    // 查询数据
    final Statement stmt1 = conn.createStatement();
    final ResultSet rs1 = stmt1.executeQuery("SELECT * FROM sys_user");
    // 获取数据
    rs1.next();
    assertEquals("admin", rs1.getString("user_name"));
}
```

可以看到，上面连接 URL 的前缀是 jdbc:avatica。当我们开发自己的应用时希望用自己的前缀，比如 jdbc:cdm，那么可以继承 Avatica 的驱动，重写这个前缀。

为了重写 URL 前缀，我们可以继承 org.apache.calcite.avatica.UnregisteredDriver 类。这里需要实现 3 个抽象方法，复制 Avatica 实现的 org.apache.calcite.avatica.remote.Driver，然后

---

1　这里使用 Protobuf 是为了更好地适配 Python。

修改里面的 CONNECT_STRING_PREFIX 前缀和驱动相关信息，最后在静态代码块中对该驱动进行注册，如代码清单 5-20 所示。

**代码清单 5-20　驱动的定义方法**

```
// 定义自定义驱动的类
public class Driver extends org.apache.calcite.avatica.remote.Driver {
    static {
        new Driver().register();
    }
    @Override
    protected String getConnectStringPrefix() {
        // 将 URL 头进行定义
        return "jdbc:cdm:remote:";
    }
}
```

为了让我们的驱动被发现，需要注册 SPI，JDBC 通过 SPI 规范来动态加载实现类，方便用户扩展。具体方法是将对应配置文件放在 META-INFO/services 目录下，目录里的文件名为接口全路径名，文件内容为实现类的全路径名。图 5-5 展示了注册 SPI 的文件路径。JDBC 寻找的是 java.sql.Driver 接口的实现，这样就可以使用自定义的 URL 前缀。

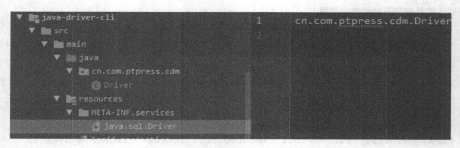

图 5-5　注册 SPI 的文件路径示意

## 5.4.2　Python 驱动

对于使用 Python 的程序员，可以使用 phoenixdb 的 Python 驱动，该驱动遵循 Python 的 DB API 2.0 规范。其安装方式如代码清单 5-21 所示。

**代码清单 5-21　Python 驱动的安装方式**

```
pip install --user phoenixdb
```

连接测试代码的过程如代码清单 5-22 所示。

**代码清单 5-22　连接测试代码的过程**

```
import phoenixdb
import phoenixdb.cursor

// 创建连接
database_url = 'http://localhost:8765/'
conn = phoenixdb.connect(database_url,
authentication='DIGEST',
avatica_user='USER1',
avatica_password='password1')

// 执行
cursor = conn.cursor()
cursor.execute("SHOW DATABASES")
print(cursor.fetchall())

// 执行查询
cursor = conn.cursor(cursor_factory=phoenixdb.cursor.DictCursor)
cursor.execute("SELECT * FROM sys_user")
print(cursor.fetchone()['user_name'])
```

代码清单 5-23 展示了因为 Kerberos 的版本问题而出现的报错信息。从官网下载并安装对应版本的安装包就能够解决这个问题，注意 32 位和 64 位安装包需要区别对待。

**代码清单 5-23　因为 Kerberos 的版本问题而出现的报错信息**

```
OSError: Could not find KfW installation. Please download and install the 64bit Kerberos for
Windows MSI from https://xxx and ensure the 'bin' folder (C:\Program
Files\MIT\Kerberos\bin) is in your PATH.
```

phoenixdb 的 Python 驱动使用 PROTOBUF 的序列化方式，所以服务端需要以 PROTOBUF 的序列化方式启动，如代码清单 5-24 所示。

**代码清单 5-24　序列化方式的选定**

```
final HttpServer server = new HttpServer.Builder<>()
               .withHandler(service, Driver.Serialization.PROTOBUF)
```

## 5.5　命令行工具

除了上述通过 SDK（Software Development Kit，软件开发工具包）调用 Calcite 的服务层，我们也可以使用命令行工具来调用 Calcite 的服务层。Calcite 命令行工具默认可以使用第 3 章所述的 SQLLine 来连接。前面只是对这个工具包本身进行了介绍，本节会对它与 Calcite 进行连接，以及我们自定义之后如何编译、打包进行介绍。

## 5.5.1　使用 SQLLline

SQLLine 是使用 Java 开发的开源软件，用于通过命令行工具连接和查询关系数据库，其基于 JDBC 实现。SQLLine 的编译、打包如代码清单 5-25 所示。

**代码清单 5-25　SQLLine 的编译、打包**

```
cd sqlline
# 编译、打包
mvn package -Dmaven.test.skip=true
```

然后将我们的 Java 驱动打包，如代码清单 5-26 所示，在附书代码的 java-driver-cli 模块下执行。

**代码清单 5-26　通过 Maven 打包驱动**

```
mvn clean package
```

将得到的 java-driver-cli-1.0.0-SNAPSHOT.jar 和 sqlline/target 目录下的 sqlline-1.11.0-jar-with-dependencies.jar 放在同一个目录，将 sqlline/bin 的启动脚本复制到 bin 目录，详细情况见附书代码的 cmd-cli。接着运行脚本，启动命令行，如图 5-6 所示。

```
PS D:\workspace\github\calcite-data-manage\cmd-cli> . \bin\sqlline.bat
sqlline version 1.11.0
sqlline> !connect jdbc:cdm:remote:url=http://localhost:8765;authentication=DIGEST;serialization=protobuf;avatica_user=USER1;avatica_password=pass
word1
Enter username for jdbc:cdm:remote:url=http://localhost:8765;authentication=DIGEST;serialization=protobuf;avatica_user=USER1;avatica_password=pas
sword1:
Enter password for jdbc:cdm:remote:url=http://localhost:8765;authentication=DIGEST;serialization=protobuf;avatica_user=USER1;avatica_password=pas
sword1:
Transaction isolation level TRANSACTION_REPEATABLE_READ is not supported. Default (TRANSACTION_READ_COMMITTED) will be used instead.
0: jdbc:cdm:remote:url=http://localhost:8765>
0: jdbc:cdm:remote:url=http://localhost:8765> select * from sys_user;
+----+-----------+------------+----------+------------+---------------------+---------------------+
| id | user_name | password   | is_admin | privilege  | created_date        | modified_date       |
+----+-----------+------------+----------+------------+---------------------+---------------------+
| 1  | admin     | admin123456| 1        | 2147483647 | 2021-05-10 00:55:11.0 | 2021-05-10 00:55:11.0 |
| 2  | jimo      | ps123456   | 0        | 2147483647 | 2021-05-10 00:55:11.0 | 2021-05-10 00:55:11.0 |
| 3  | hehe      | ps654321   | 0        | 2147483647 | 2021-05-10 00:55:11.0 | 2021-05-10 00:55:11.0 |
+----+-----------+------------+----------+------------+---------------------+---------------------+
3 rows selected (0.086 seconds)
0: jdbc:cdm:remote:url=http://localhost:8765>
```

图 5-6　使用命令行方式调用 Calcite

然后通过"!connect"命令连接服务，如代码清单 5-27 所示。

**代码清单 5-27　连接服务**

```
!connect
jdbc:cdm:remote:url=http://localhost:8765;authentication=DIGEST;serialization=protobuf;
avatica_user=USER1;avatica_password=password1
```

因为连接 Avatica 服务的用户名和密码写在了 URL 里，后面的用户名和密码又是必填的内容，这里留空即可。连接之后即可查询。

## 5.5.2  自定义命令行交互方式

SQLLine 是基于 jLine 实现的。jLine 是用 Java 语言编写的用于处理命令行 I/O 的代码库。由于命令行接口是由操作系统提供的，因此，如果对 SQLLine 定义的语法不满意，或者需要扩展，可以直接基于 jLine 编写。目前 jLine 已经支持主流的平台，包括 FreeBSD、Linux、Solaris 和 Windows 等。

# 5.6  本章小结

本章主要对服务层进行了介绍，按照由总体到细节、由理论到使用、由默认到扩展，对 Avatica 的架构、主要的服务接口、调用流程、3 种客户端（Java 驱动、Python 驱动以及命令行界面）进行了介绍。接下来将对解析层进行介绍。

# 第 6 章

# 解析层

用户的操作请求经过服务层的接收和封装被传递给 calcite-core 模块。其中第一站就是解析层，它的作用主要是对 SQL 语句进行语法解析。在这个过程中，初始的 SQL 字符串会被转化为 Calcite 内部的语法解析节点，为进一步的语法校验和优化做准备。

本章将从 5 个方面来介绍这部分内容：

- 语法解析过程；
- Calcite 中的解析体系；
- Calcite 使用 JavaCC 来实现解析层逻辑；
- Calcite 使用 Antlr4 来实现解析层逻辑；
- JavaCC 和 Antlr4 的对比。

## 6.1　语法解析过程

用户在操作数据管理系统时，本质上是需要利用相关的指令来对计算机进行操作的。我们和计算机之间需要有"共同语言"来进行对话，这样才能够让计算机理解我们的意图。然而这种共同语言往往是很难统一的，计算机更倾向于逻辑严谨但是对人类来说比较难理解的低级语言，而用户往往使用的都是人类比较擅长的高级语言，例如 SQL 就是一种人们为了更好地操作数据库而发明的语言。将人类的高级语言转换成计算机的低级语言，就是语法解析的核心作用。

语法解析是利用词法分析器、语法分析器将输入的语句通过一些预定的规则解析为抽象语法树的过程。图 6-1 展示了语法解析的执行架构。其中主要分为 3 个阶段：首先字符串处理器会将源语句中的字符串转换成字符流；然后词法分析器会对字符流中的一些词法进行匹配，形成词组（Token）流；最后由语法分析器将这些词组流进行语义逻辑的理解，转变为最终的抽象语法树。在这个过程当中，还有两个维护组件，一个是负责维持词法和语法匹配逻辑的表格管理器，另一个是负责检查语法错误的异常监听器。

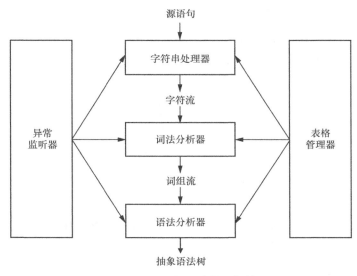

图 6-1  语法解析的执行架构

经过上述的语法解析过程，原有操作指令中的语义会被封装起来，转化为计算机容易处理的数据结构。但是这一步不涉及语义的理解和与底层元数据的交互，这些过程会在校验层完成。

## 6.2  Calcite 中的解析体系

6.1 节主要讲了比较通用的语法解析原理，对于不同场景，语法解析过程会有不同的实现方式。对于数据管理系统，一般来说，这种语法解析主要针对的是将 SQL 语句解析成抽象语法树的过程，本节将会对 Calcite 中这个过程的实现方式进行介绍。

### 6.2.1  抽象语法树的概念

如前文所述，语法解析的最终结果是一棵抽象语法树，那么什么是抽象语法树呢？在计算机科学中，抽象语法树是代码结构的一种抽象表示。它以树状的形式表现出语法结构，树上的每个节点都表示源码中的一种结构。

图 6-2 展示了抽象语法树的一个简单示例。我们如果给计算机输入的指令是 "(1+2)*3"，那么经过语法解析以后就会生成抽象语法树，其中圆形节点表示叶子节点，一般是参数，方形节点表示非叶子节点，一般是操作符。当然，实际生成的抽象语法树要复杂得多，每个节

点会存储许多必要的信息。抽象语法树将纯文本转换为一棵树，其中每个节点对应代码中的一种结构，例如上述的表达式转换为源码中的结构会变成图 6-2（b）所示的形式。

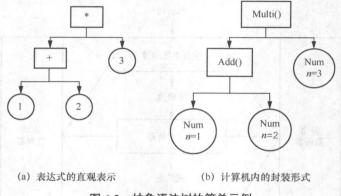

(a) 表达式的直观表示　　　　　　(b) 计算机内的封装形式

图 6-2　抽象语法树的简单示例

同理，我们输入的一条 SQL 语句也会生成一棵抽象语法树，例如 select id from table where id > 1。图 6-3 展示了该 SQL 语句生成的抽象语法树。

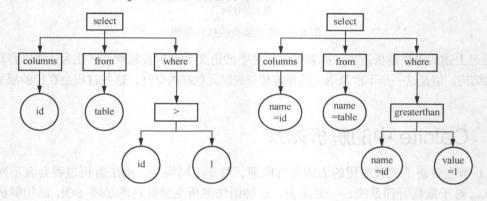

(a) 初步解析的抽象语法树　　　　　　(b) 语义规范化后的语法树

图 6-3　SQL 语句生成的抽象语法树

图 6-3 中，这棵树的每个节点仅仅是对语法的抽象，并未对应到相应的源码结构当中。因此为了能够匹配每个节点相应的源码结构，Calcite 构建了它的 SqlNode 体系来完成这项任务。

## 6.2.2　SqlNode 体系

SqlNode 是负责封装语义信息的基础类，是 Calcite 中非常重要的概念，不只是解析阶段，也和后续的校验、优化息息相关，它是所有解析节点的父类。在 Calcite 中 SqlNode 的实现类有 40 多个，每个类都代表一个节点到源码结构的映射，其大致可以分为 3 类，即 SqlLiteral、

SqlIdentifier、SqlCall。图 6-4 展示了 SqlNode
及其子类体系。本小节将主要对 SqlNode 比
较重要的几个实现类进行介绍。

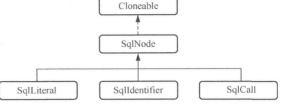

### 1. SqlLiteral

SqlLiteral 类主要封装输入的常量，也被
称作字面量。它和它的子类一般用来封装具

图 6-4　SqlNode 及其子类体系

体的变量值，同样我们也可以通过调用 getValue 方法返回我们所需要的值。为了实现其通用
性，Calcite 支持了很多数据类型，表 6-1 展示了当前版本 SqlLiteral 可以表示的常量类型。

表 6-1　SqlLiteral 可以表示的常量类型

| 常量类型 | 含义 |
| --- | --- |
| NULL | 代表 null 类型 |
| BOOLEAN | 布尔类型代表"真"和"假"（true 和 false）的判断结果 |
| DECIMAL | 精确数值类型，例如 0、−5、1234 |
| DOUBLE | 双精度浮点类型，例如 6.023E−23 |
| DATE | 日期类型，例如 1970-01-01 |
| TIME | 时间类型，例如 12:01:01 |
| TIMESTAMP | 时间类型，例如 1970-01-01 12:01:01 |
| CHAR | 字符常量，例如'Hello World' |
| BINARY | 二进制常量，例如 X'7F' |
| SYMBOL | symbol 是一个特殊类型，其目的是让解析更加简单，并不会对用户暴露 |
| INTERVAL | 时间间隔，例如 INTERVAL '1:34' HOUR |

### 2. SqlIdentifier

SqlIdentifier 代表我们输入的标识符，例如在一条 SQL 语句中表的名称、字段名称，都
可以封装成一个 SqlIdentifier 对象。

### 3. SqlCall

图 6-5 展示了 SqlCall 及其子类的继承结构。每一个操作都可以对应一个 SqlCall，如查
询是 SqlSelect，插入是 SqlInsert。

为了更加细粒度地介绍 Calcite 是如何使用 SqlCall 的子类来封装操作的，我们以负责查询的

SqlSelect 为例，介绍 SqlCall 内部具体是如何封装操作的。具体的实现方式如代码清单 6-1 所示。

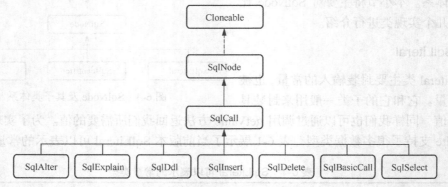

图 6-5　SqlCall 及其子类的继承结构

**代码清单 6-1　SqlSelect 中包含的属性以及常量**

```java
/**
 * 封装查询操作的 SqlSelect 节点
 */
public class SqlSelect extends SqlCall {

    public static final int FROM_OPERAND = 2;
    public static final int WHERE_OPERAND = 3;
    public static final int HAVING_OPERAND = 5;

    SqlNodeList keywordList;
    // 查询字段列表
    @Nullable SqlNodeList selectList;
    // 数据源信息
    @Nullable SqlNode from;
    // 过滤条件信息
    @Nullable SqlNode where;
    // 分组信息
    @Nullable SqlNodeList groupBy;
    @Nullable SqlNode having;
    SqlNodeList windowDecls;
    @Nullable SqlNodeList orderBy;
    @Nullable SqlNode offset;
    @Nullable SqlNode fetch;
    @Nullable SqlNodeList hints;
```

通过观察 SqlSelect 的成员变量，可以很明显地发现在 SqlSelect 当中封装了数据源信息（FROM 子句）、过滤条件信息（WHERE 子句）、分组信息（GROUP BY 子句）等查询信息。也就是说，当 SQL 语句是一条查询语句的时候，会生成一个 SqlSelect 节点，在这个节点下面封装了 SQL 语句当中每一个关键的参数。

同理，在负责插入数据的 SqlInsert 中，不难发现该类封装了相应的信息。代码清单 6-2

展示了在 SqlInsert 中封装了目标表信息（targetTable）、源信息（source）、字段对应信息（columnList），基本上将插入数据时需要的信息都囊括了进来。

**代码清单 6-2　SqlInsert 中包含的属性以及常量**

```
public class SqlInsert extends SqlCall {
    public static final SqlSpecialOperator OPERATOR =
        new SqlSpecialOperator("INSERT", SqlKind.INSERT);

    SqlNodeList keywords;
    SqlNode targetTable;
    SqlNode source;
    @Nullable SqlNodeList columnList;
```

那么 SqlNode 中的各个类是如何工作的呢？我们举一个例子，如代码清单 6-3 所示，这是一条简单的 SQL 语句，其中包含字段的投影（id）、数据源的制定（t）、查询过滤条件（id>1）以及分组条件（id）。

**代码清单 6-3　SqlNode 工作方式示例 SQL 语句**

```
select
    id
from t
where id > 1
```

经过 Calcite 的 SqlNode 规范化，最终形成 SqlNode 树。图 6-6 展示了经过规约的 SqlNode 数据结构。

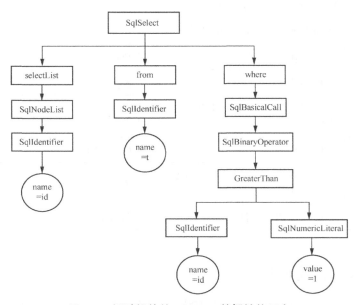

图 6-6　经过规约的 SqlNode 数据结构示意

## 6.3 JavaCC

在 Calcite 中，由于其主要精力集中在查询优化的实现上，因此在解析层"着墨"不多，默认选择 JavaCC 作为语法解析工具，承担 Calcite 语法解析的任务。本节会对 JavaCC 进行介绍，帮助读者更深入地理解解析层的实现方式，进而在工作中对解析层逻辑进行灵活改造。

### 6.3.1 JavaCC 简介

JavaCC 是一个代码生成器，它的作用就是生成在语法解析过程中非常重要的词法分析器和语法分析器。它主要通过模板文件（例如.jj 文件、.jjt 文件以及.jtb 文件）来生成一些 Java 程序，Calcite 正是利用这些 Java 程序来完成语法解析的工作的。

目前由于 JavaCC 本身有非常好的特性，在一些项目中已经被采用。表 6-2 展示了目前采用 JavaCC 进行语法解析的组件。

表 6-2　采用 JavaCC 进行语法解析的组件

| 组件名称 | JavaCC 的作用 | 语法文件名称 |
| --- | --- | --- |
| Apache ActiveMQ | 解析 Java 消息服务（Java Message Service，JMS）的查询语句 | SelectorParser.jj；HyphenatedParser.jj |
| Apache Avro | 将高级语言解析为 Avro 格式 | Idl.jj |
| Apache Calcite | 解析 SQL 表达式 | Parser.jj |
| Apache Camel | 解析 SQL 模板 | Sspt.jj |
| Apache Jena | 解析 SPARQL、ARQ、SSE 和 JSON 中的查询条件 | sparql_10, sparql_11, arq.jj, sse.jj, json.jj |
| Apache Lucene | 解析查询 | QueryParser.jj |
| Apache ZooKeeper | 优化 Hadoop 读写记录时序列化和反序列化过程 | Rcc.jj |
| Java Parser | 解析 Java 语言文件 | Java.jj |

### 6.3.2 JavaCC 简单示例

为了进一步说明 JavaCC 的具体使用方法，我们在这里给出 JavaCC 的一个简单示例。

通过这个示例边实践边讲解 JavaCC 的用法。

示例非常简单，解析一条 select 1+1 查询语句。这里不会限定只能是 1+1，数字可以改变。我们把它加起来并输出结果，select 1+1 输出 2，select 2+3 输出 5。

JavaCC 的使用方法和编程非常像，可以说是专为开发者准备的，主要实现都在.jj 文件里。代码清单 6-4 展示了 JavaCC 中定义语法的模板。

**代码清单 6-4　JavaCC 中定义语法的模板**

```
options {
    JavaCC 的配置项
}
PARSER_BEGIN(解析器类名)
package 包名;
import 库名;
public class 解析器类名 {
    任意 Java 代码
}
PARSER_END(解析器类名)

解析逻辑

关键字定义
```

### 1. options

options 是解析配置项，格式为键值对 key=value。比如在解析时忽略大小写：IGNORE_CASE = true。JavaCC 配置模块如代码清单 6-5 所示。

**代码清单 6-5　JavaCC 配置模板**

```
options {
    IGNORE_CASE = true;
    // 允许被多次初始化
    STATIC = false;
}
```

完整的 JavaCC 配置项有几十个，都有默认值，读者可以参考其官网文档，这里就不一一列出，仅对使用到的配置项做说明。

示例中只用到 2 个常用配置项，其中关于大小写的配置，我们配置成了不敏感的状态；STATIC 代表生成的解析器类是否为静态类，默认是 true，但我们需要它可以多次初始化，所以设为 false。

### 2. PARSER 声明

PARSER 声明是 PARSER_BEGIN 和 PARSER_END 之间的部分，这部分完全是 Java 代

码，同时只有一个类，这个类就是解析器类。解析器类，代表解析的入口，其输入是要解析的内容，可以用程序允许的方式输入，比如字符串参数、文件或数据流，而输出则看实现情况，比如简单的计算器直接在解析完时就计算好了，复杂的 SQL 语句解析会生成一棵抽象语法树。

如代码清单 6-6 所示，解析器类和普通类类似，不过在生成代码时 JavaCC 会自动为其生成一些构造方法，可以输入字符流和字节流，这也就是为什么 SimpleSelectParser 可以直接调用字符流构造方法。解析器类一般作为被调用的入口类，传入要解析的字符内容，然后调用 parse 方法开始解析，我们声明的 SQL 属性用来保存传入的 SQL。

**代码清单 6-6　JavaCC 中的代码模板**

```
PARSER_BEGIN(SimpleSelectParser)
package cn.com.ptpress.cdm.parser.select;
import java.io.* ;
public class SimpleSelectParser {
    private String sql;
    public void parse() throws ParseException {
        SelectExpr(sql);
    }
    public SimpleSelectParser(String expr) {
        this((Reader)(new StringReader(expr)));
        this.sql = expr;
    }
}
PARSER_END(SimpleSelectParser)
```

#### 3. 解析逻辑

解析逻辑部分由代码和表达式构成，可以分为 2 种代码：纯 Java 代码和解析逻辑代码。

#### 1）纯 Java 代码

纯 Java 代码以 JAVACODE 关键字开始，后面就是 Java 代码里方法的声明，内容也只限于 Java 代码，这些方法的作用就是供解析代码调用，比如匹配前缀。这些解析逻辑当然是可选的，其本质是公共方法抽取，当然也可能整个语法文件都没有抽出一个方法。代码清单 6-7 展示了一个示例。

**代码清单 6-7　JavaCC 中纯 Java 代码**

```
JAVACODE boolean matchPrefix(String prefix, String[] arr) {
    for (String s : arr) {
        if (s.startsWith(prefix)) {
            return true;
        }
```

```
    }
    return false;
}
```

2）解析逻辑代码

解析逻辑代码看起来也像 Java 代码，只是语法上稍有调整，如代码清单 6-8 所示，其构成多了冒号和冒号后面的花括号，然后才是方法体。我们知道程序的基本构成是变量、语句、分支结构、循环结构等，这几个简单元素组合起来就可以构成很复杂的程序。JavaCC 的解析逻辑代码和纯 Java 代码的最大区别是：可以嵌入 JavaCC 的语法。

首先，这些代码在结构上虽然看起来像方法，不过其由两个花括号构成，第一个花括号里声明变量，第二个花括号里写逻辑，同时方法名后面还有一个冒号，以此和纯粹的方法区分开。这里的解析逻辑代码和纯 Java 代码类似，都有分支、循环，只是看起来不像代码，因为其结构类似正则表达式。普通的正则表达式倒也好写，不巧的是这里面还可以混入 Java 代码，这也是 JavaCC 初看起来令人摸不着头脑的地方。不过不用烦恼，一般编写代码的人都不会对正则表达式感到陌生，现在只需要将这两者融合起来，多看一些示例即可熟能生巧。

如代码清单 6-8 所示，在循环结构中，用正则表达分支逻辑时，会用到圆括号和竖线，如(a|b|c)，在 JavaCC 里，a、b、c 可以换成解析逻辑：关键字+代码处理。关键字就是后面要讲的常量字符定义，代码处理就是走到某个词语后执行什么操作，这里仅仅输出一句话。关键字和代码处理，这就是最小构成，整个结构可以无限递归。

**代码清单 6-8　JavaCC 中循环逻辑代码**

```java
// if - else
void ifElseExpr():
{}
{
    (
        <SELECT> {System.out.println("if else select");}
        |
        <UPDATE>  {System.out.println("if else update");}
        |
        <DELETE>  {System.out.println("if else delete");}
        |
        {
            System.out.println("other");
        }
    )
}

// while 0~n
void while1Expr():{
```

```
    }
    {
        (<SELECT>)*
    }
```

这里的示例看起来是查询，本质上就是加法计算而已。虽然"一波三折"，不过如此简单的 select 1+1 查询语句我们还是写出来了。其中对很多代码添加了注释，以帮助读者理解。具体过程如代码清单 6-9 所示。

**代码清单 6-9　关于查询表达式的简单示例**

```
// 入口
void SelectExpr(String sql) :
{
    int res; // 结果变量
}
{
    <SELECT> // 以 SELECT 开始
    res = Expression() // 处理计算表达式会获得结果
    {
        System.out.println(sql + "=" + res); // 输出结果
    }
}
// 计算表达式
int Expression() :
{
    int res = 0;
    int v;
}
{
    res = Number() // 获得第一个数
    (
        <ADD> // 加号
        v = Number() // 获得第二个数
        {res += v;} // 计算结果
    |
        <SUB> // 减号
        v = Number()
        {res -= v;}
    )*
    {return res;} // 返回结果
}

int Number() :
{
    Token t;
}
{
    t = <NUMBER>
    {
```

```
            return Integer.parseInt(t.image); // 将字符串转换成整数
        }
    }
```

### 4. 关键字定义

每一个关键字都由一个 TOKEN 构成，SKIP 用于指定在解析时需要跳过的字符。每个 TOKEN 用尖括号标识，多个 TOKEN 之间用竖线分隔。尖括号里用冒号分隔，冒号前面是变量名，冒号后面是定义该变量的正则表达式。本小节的示例需要定义数字 NUMBER。为了简单，示例中并未处理不能以 0 开始的数字，其余符号都只有一个单词，具体的定义方法如代码清单 6-10 所示。

**代码清单 6-10　JavaCC 中关键字的定义方法**

```
SKIP:{ // 跳过制表符
    " "
    | "\t"
    | "\n"
    | "\r"
    | "\r\n"
}
TOKEN :
{
    < SELECT: "SELECT" >
    | < NUMBER: (["0"-"9"])+ >
    | < ADD: "+" >
    | < SUB: "-" >
}
```

现在代码编写完成，我们需要借助 JavaCC 编译才能生成解析代码。对于 Java 可以使用 Maven 插件，不用单独下载 JavaCC。我们同样可以用 Maven 来加载相关的依赖，具体的坐标写法如代码清单 6-11 所示。

**代码清单 6-11　JavaCC 代码生成的插件坐标**

```
<plugin>
    <groupId>org.codehaus.mojo</groupId>
    <artifactId>javacc-maven-plugin</artifactId>
    <version>2.6</version>
    <executions>
        <execution>
            <phase>generate-sources</phase>
            <id>javacc</id>
            <goals>
                <goal>javacc</goal>
            </goals>
            <configuration>
                <sourceDirectory>${basedir}/src/main/javacc</sourceDirectory>
                <includes>
                    <include>**/*.jj</include>
```

```
                        </includes>
                        <outputDirectory>${basedir}/generated-sources/</outputDirectory>
                    </configuration>
                </execution>
            </executions>
        </plugin>
```

运行编译命令，如代码清单 6-12 所示。

**代码清单 6-12　JavaCC 编译命令**

```
mvn org.codehaus.mojo:javacc-maven-plugin:2.6:javacc
```

运行命令后会在 target/generated-sources/javacc 中生成包和代码。图 6-7 展示了 JavaCC
生成包和代码。

图 6-7　JavaCC 生成包和代码示意

我们使用时，只需要调用解析器主类即可，如代码清单 6-13 所示。

**代码清单 6-13　解析器主类调用**

```
final SimpleSelectParser parser = new SimpleSelectParser("select 1+1+1");
parser.parse(); // select 1+1+1=3
```

## 6.3.3　Calcite 中 JavaCC 的使用方法

Calcite 默认采用 JavaCC 来生成词法分析器和语法分析器。接下来我们介绍它是如何使
用 JavaCC 的。

### 1. 使用 JavaCC 解析器

Calcite 中，JavaCC 的依赖已经被封装到 calcite-core 模块当中，如果使用 Maven 作为依
赖管理工具，我们只需要添加对应的 calcite-core 模块坐标即可，如代码清单 6-14 所示。

**代码清单 6-14　添加 calcite-core 模块坐标**

```
<dependency>
    <groupId>org.apache.calcite</groupId>
    <artifactId>calcite-core</artifactId>
    <version>1.26.0</version>
</dependency>
```

在代码中，我们可以直接使用 Calcite 的 SqlParser 接口调用对应的语法解析流程，对相关的 SQL 语句进行解析，如代码清单 6-15 所示。

**代码清单 6-15　解析流程**

```
// SQL 语句
String sql = "select * from t_user where id = 1";

// 解析配置
SqlParser.Config mysqlConfig = SqlParser.config().withLex(Lex.MYSQL);

// 创建解析器
SqlParser parser = SqlParser.create(sql, mysqlConfig);

// 解析 SQL 语句
SqlNode sqlNode = parser.parseQuery();
System.out.println(sqlNode.toString());
```

### 2. 自定义语法

我们已经知道如何调用对应的解析接口，但是有时需要扩展一些新的语法操作，我们如何操作呢？这里我们以数仓的一个常见操作——Load 作为例子，介绍如何自定义语法。Load 操作时将数据从一种数据源导入另一种数据源中，这种操作在真实的业务场景中是十分常见而且必要的。

一般来说，Load 操作采用的语法模板如代码清单 6-16 所示。

**代码清单 6-16　Load 操作采用的语法模板**

```
LOAD sourceType:obj TO targetType:obj
(fromCol toCol (,fromCol toCol)*)
[SEPARATOR '\t']
```

其中，sourceType 和 targetType 表示数据源类型，obj 表示这些数据源的数据对象，(fromCol toCol)表示字段名映射，文件里面的第一行是表头，分隔符默认是制表符。代码清单 6-17 给出了具体的示例。

**代码清单 6-17　Load 语句示例**

```
LOAD hdfs:'/data/user.txt' TO mysql:'db.t_user' (name name,age age) SEPARATOR ','
```

在真正实现时，我们有两种选择。

　　一种是直接修改 Calcite 的源码，在其本身的模板文件（Parser.jj）内部添加对应的语法逻辑，然后重新编译。但是这种方式的弊端非常明显，即对 Calcite 本身的源码侵入性太强。因此 Calcite 提供了另一种方式——利用模板引擎来扩展语法文件。

　　模板引擎可将扩展的语法提取到模板文件外面，以达到程序解耦的目的。在实现层面，Calcite 用到了 FreeMarker，它是一个模板引擎，按照 FreeMarker 定义的模板语法，我们可以通过其提供的 Java API 设置值来替换模板中的占位符。

　　图 6-8 展示了 Calcite 通过模板引擎添加语法逻辑相关的文件结构，其源码将 Parser.jj 这个语法文件定义为模板，将 includes 目录下的.ftl 文件作为扩展文件，最后统一通过 config. fmpp 来配置。

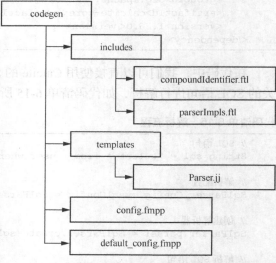

图 6-8　通过模板引擎添加语法逻辑相关的文件结构

　　具体添加语法的操作可以分为 3 个步骤：

- 编写新的 JavaCC 语法文件；
- 修改 config.fmpp 文件，配置自定义语法；
- 编译模板文件和语法文件。

### 1）编写新的 JavaCC 语法文件

　　我们不需要修改 Parser.jj 文件，只需要修改 includes 目录下的.ftl 文件。对于前文提出的 Load 操作，我们只需要在 parserImpls.ftl 文件里增加 Load 对应的语法。

　　不过在编写语法文件之前，我们先要从代码的角度，用面向对象的思想将最终结果定下来，也就是我们最后希望得到一个 SqlNode 节点。抽象 Load 语句内容并封装后，我们得到 SqlLoad，如代码 6-18 所示。继承 SqlCall，表示一个操作，显然 Load 操作里的数据源和目标源是同样的结构，所以我们封装 SqlLoadSource。而字段映射可以用一个列表来封装，SqlColMapping 仅仅包含一堆列映射，SqlNodeList 代表节点列表。

**代码清单 6-18　扩展 SqlLoad 的代码实现**

```
// 扩展 SqlLoad 的代码实现
public class SqlLoad extends SqlCall {
    // 来源信息
```

```
        private SqlLoadSource source;
        // 终点信息
        private SqlLoadSource target;
        // 列映射关系
        private SqlNodeList colMapping;
        // 分隔符
        private String separator;

        // 构造方法
        public SqlLoad(SqlParserPos pos) {
            super(pos);
        }

        // 扩展的构造方法
        public SqlLoad(SqlParserPos pos,
                        SqlLoadSource source,
                        SqlLoadSource target,
                        SqlNodeList colMapping,
                        String separator) {
            super(pos);
            this.source = source;
            this.target = target;
            this.colMapping = colMapping;
            this.separator = separator;
        }
    }
```

由于 Load 操作涉及两个数据源，因此我们也需要对数据源进行定义，如代码清单 6-19 所示。

**代码清单 6-19  Load 语句中数据源的定义类**

```
/**
 * 定义 Load 语句中的数据源信息
 */
@Data
@AllArgsConstructor
public class SqlLoadSource {
    private SqlIdentifier type;
    private String obj;
}
```

同样，Load 语句中出现的字段映射关系也需要定义，如代码清单 6-20 所示。

**代码清单 6-20  对 Load 语句中的字段映射关系进行定义**

```
// 对 Load 语句中的字段映射关系进行定义
public class SqlColMapping extends SqlCall {
    // 操作类型
```

```
    protected static final SqlOperator OPERATOR =
            new SqlSpecialOperator("SqlColMapping", SqlKind.OTHER);
    private SqlIdentifier fromCol;
    private SqlIdentifier toCol;
    public SqlColMapping(SqlParserPos pos) {
        super(pos);
    }
    // 构造方法
    public SqlColMapping(SqlParserPos pos,
                         SqlIdentifier fromCol,
                         SqlIdentifier toCol) {

        super(pos);
        this.fromCol = fromCol;
        this.toCol = toCol;
    }
}
```

为了输出 SQL 语句, 我们还需要重写 unparse 方法, 如代码清单 6-21 所示。

**代码清单 6-21　unparse 方法定义**

```
/**
 * 定义 unparse 方法
 */
@Override
public void unparse(SqlWriter writer, int leftPrec, int rightPrec) {
    writer.keyword("LOAD");
    source.getType().unparse(writer, leftPrec, rightPrec);
    writer.keyword(":");
    writer.print("'" + source.getObj() + "' ");
    writer.keyword("TO");
    target.getType().unparse(writer, leftPrec, rightPrec);
    writer.keyword(":");
    writer.print("'" + target.getObj() + "' ");
    final SqlWriter.Frame frame = writer.startList("(", ")");
    for (SqlNode n : colMapping.getList()) {
        writer.newlineAndIndent();
        writer.sep(",", false);
        n.unparse(writer, leftPrec, rightPrec);
    }
    writer.endList(frame);
    writer.keyword("SEPARATOR");
    writer.print("'" + separator + "'");
}
```

当需要的 SqlNode 节点类定义好后, 我们就可以开始编写语法文件了。如代码清单 6-22 所示, Load 语法没有多余分支结构, 只有列映射用到了循环, 可能有多个列。

**代码清单 6-22　parserImpls.ftl 文件中添加语法逻辑的代码示例**

```
// 节点定义，返回我们定义的节点
SqlNode SqlLoad() :
{
    SqlParserPos pos; // 解析定位
    SqlIdentifier sourceType; // 源类型用一个标识符节点表示
    String sourceObj; // 源路径表示为一个字符串，比如 "/path/xxx"
    SqlIdentifier targetType;
    String targetObj;
    SqlParserPos mapPos;
    SqlNodeList colMapping;
    SqlColMapping colMap;
    String separator = "\t";
}
{
// LOAD 语法没有多余分支结构，"一条线下去"，获取相应位置的内容并保存到变量中
<LOAD>
    {
        pos = getPos();
    }
    sourceType = CompoundIdentifier()
<COLON> // 冒号和圆括号在 Calcite 原生的解析文件里已经定义，我们也能使用
    sourceObj = StringLiteralValue()
<TO>
    targetType = CompoundIdentifier()
<COLON>
    targetObj = StringLiteralValue()
    {
        mapPos = getPos();
    }
<LPAREN>
    {
        colMapping = new SqlNodeList(mapPos);
        colMapping.add(readOneColMapping());
    }
    (
<COMMA>
        {
            colMapping.add(readOneColMapping());
        }
    )*
<RPAREN>
[<SEPARATOR> separator=StringLiteralValue()]
// 最后构造 SqlLoad 对象并返回
    {
        return new SqlLoad(pos, new SqlLoadSource(sourceType, sourceObj),
                new SqlLoadSource(targetType, targetObj), colMapping, separator);
    }
}
```

```
// 提取出字符串节点的内容函数
JAVACODE String StringLiteralValue() {
    SqlNode sqlNode = StringLiteral();
    return ((NlsString) SqlLiteral.value(sqlNode)).getValue();
}


SqlNode readOneColMapping():
{
    SqlIdentifier fromCol;
    SqlIdentifier toCol;
    SqlParserPos pos;
}
{
    { pos = getPos();}
    fromCol = SimpleIdentifier()
    toCol = SimpleIdentifier()
    {
        return new SqlColMapping(pos, fromCol, toCol);
    }
}
```

**2）修改 config.fmpp 文件，配置自定义语法**

我们需要将 Calcite 源码中的 config.fmpp 文件复制到项目的 src/main/codegen 目录下，然后修改里面的内容，来声明扩展的部分，如代码清单 6-23 所示。

**代码清单 6-23　config.fmpp 文件的定义示例**

```
data: {
    parser: {
        # 生成的解析器包路径
        package: "cn.com.ptpress.cdm.parser.extend",
        # 解析器名称
        class: "CdmSqlParserImpl",

        # 引入的依赖类
        imports: [
            "cn.com.ptpress.cdm.parser.load.SqlLoad",
            "cn.com.ptpress.cdm.parser.load.SqlLoadSource",
            "cn.com.ptpress.cdm.parser.load.SqlColMapping"
        ]
        # 新的关键字
        keywords: [
            "LOAD",
            "SEPARATOR"

        ]
        # 新增的语法解析方法
        statementParserMethods: [
            "SqlLoad()"
        ]
```

```
            # 包含的扩展语法文件
            implementationFiles: [
                "parserImpls.ftl"
            ]
        }
    }
}
# 扩展文件的目录
freemarkerLinks: {
    includes: includes/
}
```

3）编译模板文件和语法文件

在这个过程当中，我们需要将模板 Parser.jj 文件编译成真正的 Parser.jj 文件，然后根据 Parser.jj 文件生成语法解析代码。我们可以利用 Maven 插件来完成这个任务，具体操作可以分为 2 个阶段：初始化和编译。

初始化阶段通过 resources 插件将 codegen 目录加入编译资源，然后通过 dependency 插件把 calcite-core 包里的 Parser.jj 文件提取到构建目录中，如代码清单 6-24 所示。

**代码清单 6-24　编译所需插件的配置方式**

```xml
<plugin>
    <artifactId>maven-resources-plugin</artifactId>
    <executions>
        <execution>
            <phase>initialize</phase>
            <goals>
                <goal>copy-resources</goal>
            </goals>
        </execution>
    </executions>
    <configuration>
        <outputDirectory>${basedir}/target/codegen</outputDirectory>
        <resources>
            <resource>
                <directory>src/main/codegen</directory>
                <filtering>false</filtering>
            </resource>
        </resources>
    </configuration>
</plugin>

<plugin>
    <!--从 calcite-core.jar 提取解析器语法模板，并放入 FreeMarker 模板所在的目录-->
    <groupId>org.apache.maven.plugins</groupId>
    <artifactId>maven-dependency-plugin</artifactId>
    <version>2.8</version>
    <executions>
```

```
            <execution>
                <id>unpack-parser-template</id>
                <phase>initialize</phase>
                <goals>
                    <goal>unpack</goal>
                </goals>
                <configuration>
                    <artifactItems>
                        <artifactItem>
                            <groupId>org.apache.calcite</groupId>
                            <artifactId>calcite-core</artifactId>
                            <version>1.26.0</version>
                            <type>jar</type>
                            <overWrite>true</overWrite>
                            <outputDirectory>${project.build.directory}/</outputDirectory>
                            <includes>**/Parser.jj</includes>
                        </artifactItem>
                    </artifactItems>
                </configuration>
            </execution>
        </executions>
    </plugin>
```

这 2 个插件可以通过 "mvn initialize" 命令进行测试。运行成功后可以看到 target 目录下有了 codegen 目录，并且多了本没有编写的 Parser.jj 文件。图 6-9 展示了通过模板引擎添加语法逻辑相关的文件结构。

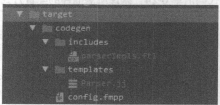

然后就是编译阶段。我们可以利用 FreeMarker 模板提供的插件，根据 config.fmpp 编译 Parser.jj 模板，声明 config.fmpp 文件路径模板和输出目录，在 Maven 的 generate-resources 阶段运行该插件，如代码清单 6-25 所示。

图 6-9  通过模板引擎添加语法逻辑相关的文件结构

**代码清单 6-25　FreeMarker 在 pom.xml 文件中的配置方式**

```
<plugin>
    <configuration>
        <cfgFile>${project.build.directory}/codegen/config.fmpp</cfgFile>
        <outputDirectory>target/generated-sources</outputDirectory>
        <templateDirectory>
            ${project.build.directory}/codegen/templates
        </templateDirectory>
    </configuration>
    <groupId>com.googlecode.fmpp-maven-plugin</groupId>
    <artifactId>fmpp-maven-plugin</artifactId>
    <version>1.0</version>
    <dependencies>
        <dependency>
            <groupId>org.freemarker</groupId>
```

```
            <artifactId>freemarker</artifactId>
            <version>2.3.28</version>
        </dependency>
    </dependencies>
    <executions>
        <execution>
            <id>generate-fmpp-sources</id>
            <phase>generate-sources</phase>
            <goals>
                <goal>generate</goal>
            </goals>
        </execution>
    </executions>
</plugin>
```

现在我们运行"mvn generate-resources"命
令就可以生成真正的 Parser.jj 文件。图 6-10 展
示了最终生成的 Parser.jj 文件。

最后一步就是编译语法文件，使用 JavaCC
插件即可完成，具体的实现如代码清单 6-26
所示。

图 6-10　最终生成的 Parser.jj 文件

**代码清单 6-26　JavaCC 插件配置方式**

```
<plugin>
    <groupId>org.codehaus.mojo</groupId>
    <artifactId>javacc-maven-plugin</artifactId>
    <version>2.6</version>
    <executions>
        <execution>
            <phase>generate-sources</phase>
            <id>javacc</id>
            <goals>
                <goal>javacc</goal>
            </goals>
            <configuration>
                <sourceDirectory>
                    ${basedir}/target/generated-sources/
                </sourceDirectory>
                <includes>
                    <include>**/Parser.jj</include>
                </includes>
                <lookAhead>2</lookAhead>
                <isStatic>false</isStatic>
                <outputDirectory>${basedir}/src/main/java</outputDirectory>
            </configuration>
        </execution>
    </executions>
</plugin>
```

注意这里的 I/O 目录，我们直接将生成的代码放在了项目里。看起来上面每个阶段用了好几个命令，其实只需要一个 Maven 命令即可完成所有步骤，即 "mvn generate-resources"，该命令包含以上 2 个操作，4 个插件都会被执行。

完成编译后，就可以测试新语法，在测试代码里配置生成的解析器类，然后写一条简单的 Load 语句。具体示例代码如代码清单 6-27 所示。

**代码清单 6-27　测试 Load 语句的示例代码**

```
String sql =
        "LOAD hdfs:'/data/user.txt' TO mysql:'db.t_user' (c1 c2,c3 c4) SEPARATOR ','";
// 解析配置
SqlParser.Config mysqlConfig = SqlParser.config()
        // 使用解析器类
        .withParserFactory(CdmSqlParserImpl.FACTORY)
        .withLex(Lex.MYSQL);
SqlParser parser = SqlParser.create(sql, mysqlConfig);
SqlNode sqlNode = parser.parseQuery();
System.out.println(sqlNode.toString());
```

输出的结果正是我们重写的 unparse 方法所输出的，如代码清单 6-28 所示。

**代码清单 6-28　通过 unparse 方法输出的结果**

```
LOAD 'hdfs': '/data/user.txt' TO 'mysql': 'db.t_user'
('c1' 'c2', 'c3' 'c4')
SEPARATOR ','
```

# 6.4　Calcite 整合 Antlr 方法

Calcite 默认采用 JavaCC 来生成语法解析所用的词法解析器和语法解析器，但是业界流行的词法解析器和语法解析器生成框架还有 Antlr，我们也可以使用 Antlr 来替换原先的 JavaCC。本节将介绍如何利用 Calcite 集成 Antlr 来实现语法解析的工作。

## 6.4.1　Antlr 简介

Antlr 是一款用 Java 编写的代码生成器，其目标同样是生成词法解析器和语法解析器。目前 Antlr 被广泛应用于解析 JSON、HTML、SQL，或一些自定义的格式。除了与 JavaCC 所共有的词法解析和语法解析功能，Antlr 的树分析器可以用于对语法分析结果生成的抽象语法树进行遍历，并执行我们需要的操作。目前 Antlr 提供了两种遍历方式，即被动遍历（Listener）和主动遍历（Visitor）。所谓被动遍历就是指采用深度优先遍历的方式，适合全局查找。而主动遍历的方式可以人为地决定遍历哪个节点。

　　Antlr 操作起来是非常便捷的，语法文件定义类似正则表达式。而且在编译算法上，Antlr 能够避免很多诸如直接左递归的问题，是一个非常优秀的组件。

## 6.4.2　上手 Antlr

　　在上手 Antlr 之前，读者需要先在 IDEA 上安装 Antlr 的插件，该插件可以帮我们更高效地使用和编写语法文件。Antlr 的所有语法都会写在扩展名为.g4 的文件上。我们还是以自定义的 Load 语句为例，编写一个自定义语法 Load。定义语法的模块如代码清单 6-29 所示。

**代码清单 6-29　JavaCC 中定义语法的模板**

```
grammar CalciteRules;    //定义规则文件
program : stmt SEMICOLON? EOF;
stmt
    : loadStmt //定义 Load 规则
    ;
loadStmt:
LOAD loadFromStmt TO loadToStmt loadColumns (SEPARATOR STRING)?
    ;
loadFromStmt :
IDENTIFIER COLON STRING
    ;
loadToStmt :
IDENTIFIER COLON STRING
    ;
loadColumns :
OPEN_P columnsItem CLOSE_P;
columnsItem:
        ((IDENTIFIER IDENTIFIER COMA) | (IDENTIFIER IDENTIFIER))+
        ;
LOAD: [Ll][Oo][Aa][Dd];
TO: [Tt][Oo];
SEPARATOR:[Ss][Ee][Pp][Aa][Rr][Aa][Tt][Oo][Rr];
COLON : ':';
COMA : ',';
OPEN_P : '(';
CLOSE_P : ')';
SEMICOLON : ';' ;
// 定义一些基础的词法分析器
fragment LETTER:[a-zA-Z]+;   //匹配字母
STRING          //匹配带引号的文本
    : '\'' ( ~('\''|'\\') | ('\\' .) )* '\''
    | '"' ( ~('"'|'\\')   | ('\\' .) )* '"'
    ;
IDENTIFIER      //匹配文本
    : LETTER
    ;
/*定义需要隐藏的文本，指向 channel(HIDDEN)就会隐藏。这里的 channel 可以自定义，到时在后台获取
不同的 channel 的数据进行不同的处理*/
```

```
SIMPLE_COMMENT: '--' ~[\r\n]* '\r'? '\n'? -> channel(HIDDEN);      //忽略多行注释
BRACKETED_EMPTY_COMMENT: '/**/' -> channel(HIDDEN);      //忽略多行注释
BRACKETED_COMMENT : '/*' ~[+] .*? '*/' -> channel(HIDDEN) ;      //忽略多行注释
WS: [ \r\n\t]+ -> channel(HIDDEN);    //忽略空格
```

语法文件编写完成之后，我们可以通过在 IDEA 上安装的插件进行语法树的预览。以新建的语法为例，如代码清单 6-30 所示。

**代码清单 6-30  Load 语句示例**

```
LOAD hdfs:'/data/user.txt' TO mysql:'db.t_user' (name name,age age) SEPARATOR ','
```

图 6-11 展示了上述 Load 语句生成的抽象语法树。

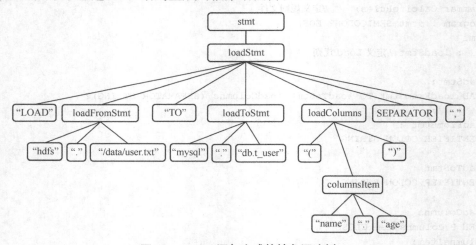

图 6-11  Load 语句生成的抽象语法树

## 6.4.3  Calcite 集成 Antlr

正如 6.4.1 小节介绍的，Antlr 和 JavaCC 一样，是一个很强大的代码生成器，可以对我们定义的语法进行词法和语法解析。既然这两者都是用来做语法和词法解析的，我们完全可以将 Calcite 当中的 JavaCC 替换成 Antlr。其基本的解析代码示例如代码清单 6-31 所示。

**代码清单 6-31  使用 Antlr 进行代码解析的示例**

```
public SqlNode parser(){
    //将输入转换成 ANTLR 的字符流
    ANTLRInputStream input = new ANTLRInputStream(sql);
    //词法分析
    CalciteRulesLexer lexer = new CalciteRulesLexer(input);
    //转换成词组流
    CommonTokenStream tokens = new CommonTokenStream(lexer);
    // 语法分析
```

```
CalciteRulesParser parser = new CalciteRulesParser(tokens);
CalciteRulesParser.ProgramContext program = parser.program();
CalciteVisit visit = new CalciteVisit();
return visit.visitProgram(program);
}
```

代码清单 6-31 中的 CalciteVisit 是通过继承 BaseVisitor 来实现的，因为我们最后需要生成 SqlNode 节点，所以需要重写其中的 visit 方法来实现 Calcite 当中的 SqlNode。对于 Load 功能，我们需要将其封装为 SqlLoad 代码，具体实现如代码清单 6-32 所示。

**代码清单 6-32　对 SqlNode 进行封装的代码实现**

```
// 封装 Load 信息的方法实现
@Override
public SqlNode visitLoadStmt(CalciteRulesParser.LoadStmtContext ctx) {
    // 获取两边数据源的信息并进行封装
    CalciteRulesParser.LoadFromStmtContext loadFromStmtContext = ctx.loadFromStmt();
    CalciteRulesParser.LoadFromStmtContext loadToStmtContext = ctx.loadFromStmt();
    SqlLoadSource loadFromSource = new SqlLoadSource(
            new SqlIdentifier(loadFromStmtContext.IDENTIFIER().getText(), pos),
            loadFromStmtContext.STRING().getText());
    SqlLoadSource loadToSource = new SqlLoadSource(
            new SqlIdentifier(loadToStmtContext.IDENTIFIER().getText(), pos),
            loadToStmtContext.STRING().getText());
    // 封装字段映射关系
    List<TerminalNode> identifier = ctx.loadColumns().columnsItem().IDENTIFIER();
    SqlNodeList sqlNodeList = new SqlNodeList(pos);
    for (int i = 0; i <identifier.size() ; i+=2) {
        String fromColumn= identifier.get(i).getText();
        String toColumn= identifier.get(i).getText();
        sqlNodeList.add(
                new SqlColMapping(pos,
                        new SqlIdentifier(fromColumn,pos),
                        new SqlIdentifier(toColumn,pos)));
    }

    // 判断是否有分隔符
    String sep=",";
    if (ctx.SEPARATOR()!=null){
        sep=ctx.STRING().getText();
    }
    // 封装 SqlLoad 并返回结果
    return new SqlLoad(pos,loadFromSource,loadToSource,sqlNodeList,sep);
}
```

至此，我们已经将 Calcite 当中的 JavaCC 替换为 Antlr。有一点需要注意，由于 JavaCC

已经配合 Calcite 有一套完整的 SqlNode 生成逻辑，如果我们希望替换掉原来的语法解析，就需要全部重写 SqlNode 的封装。其目的正如前文所说抽象语法树的每个节点都需要对应源码当中的一个结构。

# 6.5　Antlr 对比 JavaCC

Antlr 和 JavaCC 功能类似，都是用来生成词法和语法解析代码的框架，对于二者的取舍，我们从输入输出、易用性和效率 3 个角度来进行对比。

## 6.5.1　输入输出

JavaCC 是 Java 应用中非常流行的解析器，而 Antlr 是一种强大的语言解析器，它们的输入都是语法文件，输出都是解析代码。

从输入来看，JavaCC 的语法文件更像代码文件，语法逻辑里嵌入了 Java 代码；而 Antlr 的语法文件和语言无关，是纯粹的递归语法定义。

从输出来看，JavaCC 仅支持输出 Java 语言的代码，毕竟语法里已经直接嵌入了 Java 代码；而 Antlr 支持输出各种语言（如 C、Python、Go、PHP 等）的代码，这些转换 Antlr 已经处理好了，用户只需要写一份语法文件即可。

## 6.5.2　易用性

使用 JavaCC 的人一般是 Java 开发者，因为使用者必须同时理解 Java 语言和语法逻辑，而当这两者嵌在一起时，程序并不是简单的叠加，开发者一般会很困惑在 Java 里嵌入的类似函数但又不是函数的语法逻辑，相当于学习一门新语言的语法，这导致其上手门槛较高。

而 Antlr 就很人性化，对于逻辑思维能力强的人来说，递归下降语法就和写递归函数一样容易，甚至没有开发经验的人也能很容易理解。

但是，在编写 JavaCC 语法文件的同时，其实已经将访问的逻辑代码嵌入其中；而对于 Antlr，编写完语法文件，还需要继承生成代码，使用访问者或者监听者模式二次开发，才能加入访问逻辑。在访问时，Antlr 也不如 JavaCC 那么灵活，毕竟 Antlr 中一次只能访问一个节点，不过这种问题比较容易解决。

JavaCC 在 2003 年发布开源的第一个版本，而 Antlr 在 2012 年才开源，但 JavaCC 在 GitHub 上的星星数量远远落后于 Antlr，后者是前者的十几倍，可见大家还是喜欢简单的 Antlr。

### 6.5.3 效率

对于效率，主要包括两方面：一是开发语法文件的效率，二是执行解析的效率。

根据笔者的经验，Antlr 上手快，很快就能把语法文件写完，重点在于之后的遍历语法；而 JavaCC 一开始就是冲着最终的成品去的，写完了语法文件，就开发完了。对于 Java 开发者来说，熟悉 JavaCC 和 Antlr 之后会发现它们非常相似，不过很多人还是选择从易到难。

由于 JavaCC 和 Antlr 都是用 Java 语言开发的，对于同样的语法，采用同样的左递归算法，生成的代码其实非常像，而且只有在 Java 语言这一层可以对比，不过 Antlr 可以产生多种语言代码。如果非常在乎解析效率，可以采用 Antlr 生成 C 代码来提高。

### 6.5.4 在 Calcite 中如何选择

虽然原生的 Calcite 使用的是 JavaCC，但事实证明，完全可以用 Antlr 替换，不过需要修改 Calcite 的一点代码。Hive 就是一个例子，其对 Calcite 重写了不少代码。在 2015 年，解析器就完全采用 Antlr 编写，可以参考 Hive 源码中的 Hplsql.g4 文件。

如果并不打算修改 Calcite 代码，那么采用 JavaCC 进行扩展无疑是最好的办法。

## 6.6 本章小结

本章主要介绍了 Calcite 中解析层的内容，从其原理、抽象语法树的管理体系、基于 JavaCC 的实现方式、基于 Antlr 的实现方式以及 JavaCC 和 Antlr 的对比这几个方面进行。接下来我们将对语义校验过程进行介绍。

# 第**7**章

# 校验层

一个成熟的数据管理系统，往往需要完备的元数据、数据模型对其管理的数据进行规约。在 Calcite 当中，这些规约和校验的任务是由校验层来完成的。其任务也并不仅仅是与元数据交互这么简单，还包含对函数的检验、SQL 语义的理解等任务。本章会对这部分内容进行详细讲解。

## 7.1 何谓校验

对于正常数据库来说，上层的操作指令是无法直接交给底层查询引擎来执行的，尤其是 SQL 这样的比较高级的查询语言。一方面，其语义的多样性往往会导致歧义；另一方面，查询指令也需要根据元数据信息来纠偏。因此就出现了校验的过程。

校验的作用一方面是完善语义信息，例如在 SQL 语句中，如果碰到 select*这样的指令，在 SQL 的语义当中，"*"指的是取出对应数据源中所有字段的信息，因此就需要根据元数据信息来展开。

另一方面是结合元数据信息来纠偏，例如查询引擎需要查看 SQL 语句中对应的数据源、函数、字段是否能够根据元数据信息找到。

在 Calcite 中，它的内部实现主要是将前面解析层转换的 SqlNode 结合元数据信息，转换成 RelNode 信息。

## 7.2 元数据定义

Calcite 对数据的操作离不开对元数据的定义，其中不仅仅包含数据本身的信息，也有对数据操作和数据模型的定义。本节主要从以下 4 个部分来介绍 Calcite 对元数据的定义方法：

- Calcite 中元数据的基本概念；
- 数据模型定义；
- 自定义表元数据实现；
- 解析数据模型。

## 7.2.1 Calcite 中元数据的基本概念

当前存在很多单一数据管理系统，它们往往只能够支持单一的数据模型。为了支持多种数据模型，Calcite 对不同的数据模型进行组织，以 Model（数据模型）、Schema（数据模式）、Table（表）的结构将其管理的数据进行了规约，图 7-1 展示了其内部关系。接下来我们会对这些概念进行介绍。

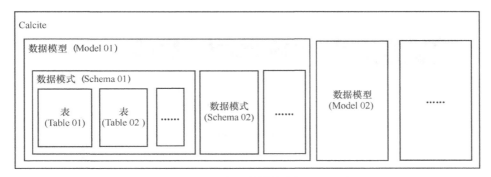

图 7-1 Calcite 中元数据的内部关系示意

### 1. Model

在 Calcite 当中，Model 对应它管理的数据模型，其中主要是关系模型，除此以外，它对部分 NoSQL 也提供了支持，例如支持键值模型的 Cassandra，支持文档模型的 MongoDB 等。相比于传统的数据管理系统，支持多种数据模型是 Calcite 的一大特点。Calcite 支持多种数据模型的注册，将不同模型的数据拉取到内存当中，统一成关系模型，并用统一的函数进行操作，最终统一呈现给用户。图 7-2 展示了 Calcite 支持的数据模型。

Calcite 目前还不支持图模型以及图数据库，可能主要有两方面原因。一方面，图数据库目前还没有业界通用的查询语言，很多时候图数据库都是使用编程的形式来管理的，因此这方面支持的成本会比较高。另一方面，当前 Calcite 内部的数据类型以通用的关系数据库的数据类型为主，辅以一些空间数据类型，图数据类型的兼容性较难实现，而且操作图的操作符也与关系代数的数据操作符相差较大。

### 2. Schema

在数据库当中，Schema 是一个比较宽泛的概念，在 SQL 标准 ISO/IEC 9075-1 中，

Schema 被定义成描述符的持久命名集合（ a persistent， named collection of description ）。
它包含表、列、数据类型、视图、存储过程、关系、主键、外键等概念。为了管理方
便，很多数据库都对 Schema 进行了拆分，并将 Schema 与数据库等同，例如 MySQL
就没有保留 Schema 这个概念。而对于其他的很多数据管理系统，Schema 仍然被保留
下来。

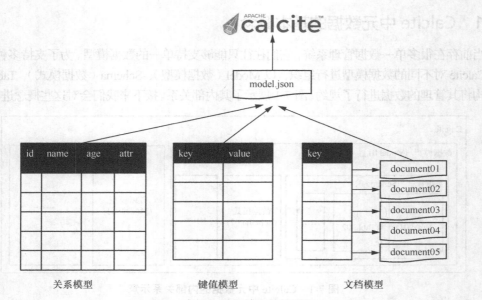

图 7-2　Calcite 支持的数据模型

在 Calcite 当中，Schema 同样被保留下来，我们可以建立一个权限 Schema，里面包含用
户、权限、角色等实体表。同样，我们也可以用 Schema 来定义表和函数的命名空间。为了
保证 Schema 的功能完善和使用灵活，Calcite 中的 Schema 还可以嵌套。

#### 3．Table

在 Calcite 当中，Table 对应的是表的概念，也就是用来存储数据的基本数据结构。在不
同的数据管理系统当中，由于采用的数据模型各不相同，相应表的概念也有差异。在 Calcite
当中，由于其核心采用了关系模型，因此它的表是关系代数中的表格——由一些约束条件进
行约束的二维数组数据集。

随着互联网行业的不断发展，其业务变得越来越复杂，表之间关联的操作也越来越多。
在这个过程中，产生了星型模型来描述不同表之间的关系。图 7-3 展示了星型模型。在星型
模型中，事实表和多个维度表直接关联，结构简单但存在一定数据冗余。

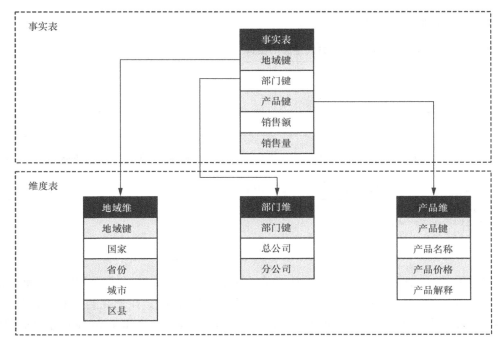

图 7-3　星型模型示意

#### 4．Function

在 Calcite 中，Function 对应函数的概念。在关系数据库中，除了关系代数本身对数据的操作方法，函数也是对数据进行操作的重要补充，它往往会作为数据库的一个对象，是独立的程序单元。Calcite 支持函数，也支持用户对函数的自定义操作。用户可以用代码实现自定义函数，然后在数据模型配置文件当中注册。

#### 5．数据类型（Type）

在 Calcite 中，可以自定义数据类型和名称，比如将 VARCHAR(10)重命名为 t_name，那么建表时就可以直接用 t_name 代表 VARCHAR(10)。

## 7.2.2　数据模型定义

在 Calcite 中，定义数据模型默认采用配置文件的方式，我们只需要准备一个 JSON 或者 YAML（Yet Another Markup Language，仍是一种标记语言）文件。由于 JSON 和 YAML 都可以完成参数配置的工作，因此它们之间可以互相转换。

我们采用以下 JSON 文件，将其命名为"model.json"。其中定义了 3 个配置信息，即表示版本号的"version"、表示 Schema 默认名称的"defaultSchema"以及表示具体数据模式的

"schemas"，如代码清单 7-1 所示。

**代码清单 7-1　数据模型用 JSON 文件方式定义的结构**

```
{
    "version": "1.0",
    "defaultSchema": "mongo",
    "schemas": [...]
}
```

当然，上述 JSON 文件也可以等价地替换成下面的 YAML 文件，如代码清单 7-2 所示。

**代码清单 7-2　数据模型用 YAML 文件方式定义的结构**

```
version: 1.0
defaultSchema: mongo
schemas:
- [Schema...]
```

我们可以看出，在这两个配置文件中，重点在 Schema 的定义上，在此之前先要了解 Schema 的分类。Calcite 定义了 3 种类型，即 MAP、JDBC、CUSTOM，虽然在实现上它们都有统一的接口，但具体的属性有些差别，可以参考 Calcite 源码 org.apache.calcite.model 包下的实现类。

**1．Schema 定义分类**

Schema 作为模型文件中重要的内容，是复杂和多样的。接下来我们先从类型开始，逐步讲解 Schema 的定义。

**1）MAP 类型**

MAP 是默认类型，在一个结构中定义了所有的表、函数和数据类型。其定义方式如代码清单 7-3 所示。MAP 的本意是映射，数据模型的定义可以看作各种元数据的映射组合。

**代码清单 7-3　MAP 类型的定义方式**

```
{
    "name": "MAP_SCHEMA",
    "type": "map",
    "tables": [...],
    "functions": [...],
    "types": [...]
}
```

**2）JDBC 类型**

JDBC 类型的 Schema 是给遵循 JDBC 规范的数据库的特权，这个 Schema 直接对应一个数据库。而在 JDBC 当中，我们需要配置下面几个参数：用于指定数据连接驱动的 "jdbcDriver"、用于指定数据源位置的 "jdbcUrl"（这里要根据不同数据源的 JDBC 规则来进行配置，有一些数据源支持配置多个节点信息）、用于指定用户名和密码的"jdbcUser"和 "jdbcPassword"。其定义方式如代码清单 7-4 所示。

**代码清单 7-4　JDBC 类型的定义方式**

```
{
    "name": "JDBC_SCHEMA",
    "type": "jdbc",
    "jdbcDriver": "com.mysql.jdbc.Driver",
    "jdbcUrl": "jdbc:mysql://localhost:3306/db_cdm",
    "jdbcUser": "root",
    "jdbcPassword": "root123",
}
```

3）CUSTOM 类型

CUSTOM 类型是用来给用户自定义数据源的参数，由于其可扩展、自由度大，因此实际上使用也最广泛。"factory"的值对应我们自己写的 SchemaFactory 工厂接口的实现，表示这是用户自己创建的数据模式；"operand"是一个映射关系，利用 Map 这种类型来进行封装，代表用户自定义的参数。我们以注册 MySQL Schema 作为示例，对应的配置信息如代码清单 7-5 所示。

**代码清单 7-5　CUSTOM 类型的定义方式**

```
{
    "name": "MYSQL",
    "type": "custom",
    "factory": "cn.com.ptpress.cdm.schema.mysql.MysqlSchemaFactory",
    "operand": {
        "url": "jdbc:mysql://localhost:3306/db_cdm",
        "user": "root",
        "pass": "password"
        }
}
```

关于 MysqlSchemaFactory 实现请参考 7.2.3 小节。

通过对 Schema 的定义，我们就完成了对数据库实体的定义。对视图、函数、数据类型这几种实体的元数据同样需要进行指定，接下来我们会详细介绍。

**2. 视图的元数据定义**

在数据库中，视图一般是基于一张或者几张基本表导出的虚拟表，它的作用是使用户在执行同样的查询逻辑时，不必反复书写同样的查询语句。因此，视图也可以像表一样查询，所以定义其元数据时也可以采用类似的模板，只是核心是构成视图的 SQL 语句。其定义的示例如代码清单 7-6 所示。

代码清单 7-6　视图的元数据定义示例

```
{
    "name": "V_SYS_ROLE",
    "type": "view",
    "sql": " select * from sys_role limit 10",
    path:
    "modifiable": false
}
```

其中各个参数的含义如下。

（1）name：视图名称。

（2）type：元数据类型为视图。

（3）sql：构成视图的 SQL 语句。

（4）modifiable：是否可通过视图修改原始数据，如果设为 null 或不设置，Calcite 会自己推导，不能修改的视图会报错。

**3．函数定义**

如前文所述，函数在 Calcite 中也是一个非常重要的组成部分，而且它也支持用户自行定义函数的方法。这个过程主要分为两个步骤：定义函数配置文件和定义函数实体类。

定义函数配置文件指用户需要在 JSON 文件中指定函数的名称"name"、对应实体类的全路径名"className"以及在实体类内对应的函数名称"methodName"。在此处我们可以看到，"name"和"methodName"不一致，这是因为"name"是在 Calcite 元数据体系内的名称，而"methodName"是这个函数调用时采用的函数名称。二者的作用不同，因此只要能够形成映射关系，就可以不一致。函数的定义方式如代码清单 7-7 所示。

代码清单 7-7　函数的定义方式

```
"functions": [
    {
        "name": "my_len",
        "className": "cn.com.ptpress.cdm.schema.function.MyFunction",
        "methodName": "myLen"
    }
]
```

在定义函数的实体类时，由于 Calcite 内部会采用动态代码生成技术调用相关的函数，相关的调用逻辑会拼接成字符串动态编译和调用，因此只要能够保证 Calcite 运行时找得到这个实体类就可以正常调用。代码清单 7-8 展示了对应上面的函数配置文件所实现的一个简单的函数实体类。

**代码清单 7-8　函数实体类的定义示例**

```
/**
 * 自定义函数的实体类
 */
public class MyFunction {

    /**
     * 计算二进制数中 1 的个数
     */
    public int myLen(int permission) {
        int c = 0;
        for (; permission > 0; c++) {
            permission &= (permission - 1);
        }
        return c;
    }
}
```

#### 4．数据类型定义

最后是对数据类型的定义，我们同样可以在 JSON 文件当中配置 types 来对列及其数据类型进行指定。如代码清单 7-9 所示，我们指定了一个数据类型的属性，名称为 "vc"，类型为 "varchar"（一种可变长度的字符串类型，常在数据库当中使用）。除此以外，我们也为这个数据类型指定了别名——"C"，同时声明了 "type" 为 "boolean"。我们可以看到在这个配置文件中，同时出现了 attributes 和 type，如果二者出现冲突，最终生效的是 type。在本示例中，生效的是 type 定义的布尔类型。

**代码清单 7-9　数据类型的定义示例**

```
"types": [
    {
        "name": "C",
        "type": "boolean",
        "attributes": [
            {
                "name": "vc",
                "type": "varchar"
            }
        ]
    }
]
```

## 7.2.3　自定义表元数据实现

大家可能会发现，前面数据模型的定义里没有包含对表元数据的定义，因为这是最重要也是最复杂的对象，本小节将说明其实现过程。

### 1. Schema 创建

在前面我们定义了 MysqlSchemaFactory，从该工厂类的名字可知，它用于创建 Schema。Schema 在 Calcite 中是由对应的实体类定义的，虽然是一个接口，但我们不用从零开始，Calcite 已经提供了相关的接口——AbstractSchema，我们只需要实现这个接口和其中的 getTableMap 方法。代码清单 7-10 展示了对 MySQL 的 Schema 信息进行封装的一个简单示例。其中 MysqlSchema 继承 AbstractSchema，重写的 getTableMap 方法返回的是一个 Map 映射，键为表名，值为 Table 实例（Table 会在后文介绍），代码中的 tables 列表通过构造方法传入。当然这种情况是一次性加载所有元数据的情况，如果想要更加灵活地实现 Schema，可以直接从接口层开始实现。

**代码清单 7-10　Schema 的实现**

```
/**
 * 这个类是用来封装 MySQL 的 Schema 信息的
 */
@AllArgsConstructor
public class MysqlSchema extends AbstractSchema {
    private String name; // Schmea 名称
    private List<CdmTable> tables; // Schema 下的表
    @Override
    protected Map<String, org.apache.calcite.schema.Table> getTableMap() {
        return tables.stream().collect(
                Collectors.toMap(CdmTable::getName, t -> t));
    }
}
```

接下来，我们就需要实现对应的工厂类——MysqlSchemaFactory。这个类的主要作用就是基于前面所述的配置文件传来的参数，构造 Schema 对象，也就是创建 MysqlSchema 实例。Calcite 提供了对应的接口——SchemaFactory，我们只需要实现这个接口并实现它的方法——create 即可。create 方法需要获取 MySQL 的所有表，然后封装到 MysqlSchema 里，我们通过直接查询 MySQL 元数据来获取。构造 Schema 对象主要分成 4 步：根据参数获取连接、查询表元数据信息、查询每张表的列信息并封装 Table 信息、构造 Schema 对象并返回。代码清单 7-11 展示了构造 Schema 对象的具体过程。

**代码清单 7-11　构造 Schema 对象的具体过程**

```
/**
 * 这个类是用来获取 MySQL 的 Schema 信息的工厂类，其中包含 3 个参数
 * parentSchema：封装了父级别的 Schema 信息
 * name：Schema 的信息
 * operand：从配置文件传来的配置信息，对应前述的 JSON 文件中的 operand 配置
```

```
    */
public class MysqlSchemaFactory implements SchemaFactory {

    /**
     * 构造 MySQL 的 Schema 对象的核心方法
     */
    @Override
    public Schema create(SchemaPlus parentSchema,
                         String name,
                         Map<String, Object> operand) {
        // 1. 使用 try with 表达式来获取数据连接, 以保证 try 结构体结束时, 数据连接自动关闭
        try (final Connection conn =
                    DriverManager.getConnection(
                            String.valueOf(operand.get("url")),
                            String.valueOf(operand.get("user")),
                            String.valueOf(operand.get("pass")))) {
            // 2. 利用数据连接对象, 构建表达式对象
            final Statement stmt = conn.createStatement();
            final ResultSet rs = stmt.executeQuery("SHOW TABLES");
            // 3. 使用循环的方式, 将获取的数据相关信息放置到表元数据列表中
            List<CdmTable> tables = new ArrayList<>(8);
            while (rs.next()) {
                final String table = rs.getString(1);
                tables.add(new CdmTable(table, getColumns(conn, table)));
            }
            // 4. 最终将获取的 Schema 信息返回
            return new MysqlSchema(name, tables);
        } catch (SQLException e) {
            throw new RuntimeException(e);
        }
    }

    // 获取列信息
    private List<CdmColumn> getColumns(Connection conn, String table)
            throws SQLException {
        final Statement stmt = conn.createStatement();
        final ResultSet rs = stmt.executeQuery("DESC " + table);
        List<CdmColumn> columns = new ArrayList<>();
        while (rs.next()) {
            columns.add(new CdmColumn(rs.getString("Field"),
                    typeMap(pureType(rs.getString("Type")))));
        }
        return columns;
    }
}
```

## 2. 表元数据创建

现在我们已经完成了对 Schema 的创建, 接下来需要创建 Schema 下面的表元数据。类

似前文所介绍的 MysqlSchema 的实现方式，对表元数据，Calcite 也提供了对应的实体——Table，不过这依然是一个接口，我们可以继承其子类——AbstractTable，只需要重写其 getRowType 方法，返回表的字段名和类型映射。具体如代码清单 7-12 所示。CdmColumn 包含列名和列类型的封装。我们需要构造的是 RelDataType，可以通过 RelDataTypeFactory 创建，这里使用 SQL 类型，此外使用 Java 类型也可以构造 RelDataType。

**代码清单 7-12　表元数据的创建示例**

```java
/**
 * 表元数据内部信息的实现逻辑
 */
@AllArgsConstructor
@NoArgsConstructor
public class CdmTable extends AbstractTable {
    /**
     * 表名
     */
    private String name;
    /**
     * 表的列
     */
    private List<CdmColumn> columns;

    @Override
    public RelDataType getRowType(RelDataTypeFactory typeFactory) {
        List<String> names = new ArrayList<>();
        List<RelDataType> types = new ArrayList<>();
        for (CdmColumn c : columns) {
            names.add(c.getName());
            RelDataType sqlType =
                typeFactory.createSqlType(SqlTypeName.get(c.getType().toUpperCase()));
            types.add(sqlType);
        }
        return typeFactory.createStructType(Pair.zip(names, types));
    }
}

/**
 * 列元数据的创建逻辑
 */
public class CdmColumn {
    /**
     * 列名
     */
    private String name;
    /**
     * 列类型，可以使用 Calcite 扩展的 SQL 类型：{@link SqlTypeName}
     */
    private String type;
}
```

定义好 Table 对象，我们需要将其和 Schema 关联起来。想必读者已经发现，这一步我们在定义 MysqlSchema 时已经完成了。而 CdmTable 的构建，是在 MysqlSchemaFactory 里完成的。实际上，这并不是很标准的实现，既然 Schema 是通过 SchemaFactory 创建的，为什么 Table 不是通过 TableFactory 创建的呢？确实，这才是"正道"，下面就说明其实现过程。

在前面我们知道了定义 Schema 里的 Table 可以通过代码创建，其实我们还可以通过 model.json 文件直接定义，在第 3 章入门示例里使用了 CSV 文件，本小节依然使用 CSV 文件，不过实现稍有不同，完整代码参见附书代码。

如代码清单 7-13 所示，我们对表"sys_role"的内部元数据信息进行定义。其中"name"指定了表名，"type"指定了表的类型（此处的"custom"同样表示这张表是用户自定义的），"factory"指定了封装表内部元数据信息的工厂类的全路径名。除此以外，我们依然可以通过"operand"指定自定义参数。这里我们定义 2 个参数来指定表内列的元数据信息路径和数据路径。

**代码清单 7-13　对表内部的元数据信息进行定义**

```
{
    "name": "sys_role",
    "type": "custom",
    "factory": "cn.com.ptpress.cdm.schema.csv.CsvTableFactory",
    "operand": {
        "colPath": "src/main/resources/sys_role/col_type.json",
        "dataPath": "src/main/resources/sys_role/data.csv"
    }
}
```

这 2 个文件很简单，定义表内列的元数据和数据如代码清单 7-14 所示。

**代码清单 7-14　定义表内列的元数据和数据**

```
// col_type.json
[
    {
        "name": "role",
        "type": "varchar"
    },
    {
        "name": "permission",
        "type": "integer"
    }
]
// data.csv
role,permission
admin,111111
user,000011
```

CsvTableFactory 是表对象创建工厂类，与前述的 SchemaFactory 类似，Calcite 为我们提供的接口是 TableFactory，我们需要实现这个接口，并且实现它的 create 方法。这里的执行逻辑主要分为两步：首先需要利用 JSON 解析器来对配置文件中传来的参数进行解析，获取相关的列信息；然后将这些列信息以及数据信息封装到 CsvTable 对象中并回传。具体的构建方法如代码清单 7-15 所示。

**代码清单 7-15  表工厂类的构建方法**

```
/**
 * 创建表的工厂类
 */
public class CsvTableFactory implements TableFactory<CsvTable> {
    /**
     * 构造对应的表对象——CsvTable
     */
    @Override
    @SneakyThrows
    public CsvTable create(SchemaPlus schema,
                           String name,
                           Map operand,
                           RelDataType rowType) {
        // 1. 获取列信息
        final String colTypePath = String.valueOf(operand.get("colPath"));
        final List<CdmColumn> columns =
                JSON_MAPPER.readValue(
                    new File(colTypePath),
                    new TypeReference<List<CdmColumn>>() {
                    });
        // 2. 将列信息和数据信息封装到 CsvTable 对象中并回传
        return new CsvTable(name, columns,
                            String.valueOf(operand.get("dataPath")));
    }
}
```

CsvTable 仅仅是对 CdmTable 的扩展，dataPath 需要保留下来，供后面查询数据使用，这里不再展开。具体实现如代码清单 7-16 所示。

**代码清单 7-16  CsvTable 的扩展实现**

```
/**
 * CsvTable 的扩展实现
 */
@NoArgsConstructor
public class CsvTable extends CdmTable {

    /**
     * 数据路径
```

```
        */
    private String dataPath;

    /**
     * 构造方法
     */
    public CsvTable(String name, List<CdmColumn> columns, String dataPath) {
        super(name, columns);
        this.dataPath = dataPath;
    }
}
```

## 7.2.4 解析数据模型

我们创建了 model.json 文件，也声明了我们想要的元数据结构，但是不知道其是否正确，需要检验一下。该文件最终会被 ModelHandler 处理，解析 JSON 文件只需要使用 Jackson 反序列化，得到的 JsonRoot 就是整个数据模型结构。如果是 YAML 文件，使用 YAMLMapper 对象解析即可。具体实现如代码清单 7-17 所示。

**代码清单 7-17  数据模型配置文件解析流程**

```
// 构建 JSON 的解析对象
final ObjectMapper JSON_MAPPER = new ObjectMapper()
        .configure(JsonParser.Feature.ALLOW_UNQUOTED_FIELD_NAMES, true)
        .configure(JsonParser.Feature.ALLOW_SINGLE_QUOTES, true)
        .configure(JsonParser.Feature.ALLOW_COMMENTS, true);

// 获取 JSON 文件的根节点
final JsonRoot jsonRoot =
    JSON_MAPPER.readValue(
        new File("src/main/resources/model.json"),
        JsonRoot.class);

// 输出 Schema 对象到控制台
System.out.println(jsonRoot.schemas);
```

将对应的配置传入 Calcite 则比较简单，在获取连接时，直接将相关的文件传入即可，具体的方法如代码清单 7-18 所示。

**代码清单 7-18  在 Calcite 中传入数据模型配置文件**

```
DriverManager.getConnection("jdbc:calcite:model=src/main/resources/model.json")
```

model 参数会被解析，后面的值会传入 ModelHandler，ModelHandler 通过访问者模式解析出 Schema、Table 等元数据信息，构造出 Calcite 能够使用的对象，初始化我们声明的工厂类，创建 Schema 和 Table 实例，并将其保存在内存中，供校验器调用。

## 7.3　校验流程

前文介绍了如何在 Calcite 中定义所需的元数据信息，那么 Calcite 具体是如何进行校验操作的呢？接下来我们会分为两个部分进行介绍：Calcite 校验过程中的核心类和具体的校验流程。

### 7.3.1　Calcite 校验过程中的核心类

#### 1．SqlOperatorTable

SqlOperatorTable 是用来定义查找 SQL 算子（SqlOperator）和函数的接口，这里的 SQL 算子是 SQL 解析树节点的类型，是 SqlNode 节点的必要组成部分，设定了 SqlNode 的类型。它内部设定的查询操作也是与关系代数相关联的，比如描述一个查询节点的算子，名字叫 SELECT，参数包括查询的字段、查询的数据源、过滤条件以及数据组织和分析的参数。

#### 2．SqlValidatorCatalogReader

SqlValidatorCatalogReader 用来给 SqlValidator 提供目录（Catalog）信息，也就是获得表、类型和 Schema 信息，它的实现类为 CalciteCatalogReader，是元数据和校验器的连接桥梁。其初始化过程需要依赖上下文，所以我们在创建数据连接（Connection）时，会从 Connection 对象里拿到上下文对象（Context），获取 Schema 信息，Connection 里的 Schema 信息就来自 model.json 文件。

#### 3．RelDataTypeFactory

RelDataTypeFactory 是处理数据类型的工厂类，它负责 SQL 类型、Java 类型和集合类型的创建和转化。针对不同的接口形式，Calcite 支持 SQL 和 Java 两种实现（SqlTypeFactoryImpl 和 JavaTypeFactoryImpl），当然这里用户可以针对不同的情况自行扩展。

#### 4．SqlValidator

Calcite 的校验过程核心对象是 SqlValidator，它要承担查询计划的校验过程。除了要依赖上述的几个核心类对象，还会有一些自己本身的配置信息，比如是否允许类型隐式转换、是否展开选择的列，等等。SqlValidator 的构造和工作过程如代码清单 7-19 所示。

**代码清单 7-19　SqlValidator 的构造和工作过程**

```
// 构造 SqlValidator 实例
Connection connection =
    DriverManager.getConnection(
        "jdbc:calcite:model=src/main/resources/model.json");
```

```
CalciteServerStatement statement =
    connection.createStatement().unwrap(CalciteServerStatement.class);
CalcitePrepare.Context prepareContext = statement.createPrepareContext();

SqlTypeFactoryImpl factory = new SqlTypeFactoryImpl(RelDataTypeSystem.DEFAULT);
CalciteCatalogReader calciteCatalogReader =
    new CalciteCatalogReader(
        prepareContext.getRootSchema(),
        prepareContext.getDefaultSchemaPath(),
        factory,
        new CalciteConnectionConfigImpl(new Properties()));

SqlValidator validator =
    SqlValidatorUtil.newValidator(
        SqlStdOperatorTable.instance(),
        calciteCatalogReader, factory,
        SqlValidator.Config.DEFAULT.withIdentifierExpansion(true));
```

为了更为直观地展示 SqlValidator 的作用，我们在此举一个例子。代码清单 7-20 展示了一条尚未校验的 SQL 语句，我们可以看到其中包含多种查询子句，有过滤条件、排序操作等。其中最重要的是在查询的字段内有一个 "*"，它表示我们需要查询 "u" 表的所有字段。

代码清单 7-20　校验前的 SQL 语句

```
SELECT
    'u'.*,
    'r'.'permission'
FROM
    'MYSQL'.'sys_user' AS 'u',
    'CSV'.'sys_role' AS 'r'
WHERE
    'u'.'role' = 'r'.'role'
ORDER BY
    'id'
```

代码清单 7-21 展示了经过校验以后我们得到的 SQL 语句。可以看出，最明显的变化之一就是原先 "*" 的位置已经被拆解开，将 "u" 表中所有的字段都展开来看。除了这个作用，SqlValidator 也完成了对所有子句中涉及的库表关系的校验，包括表是否存在、字段是否正确、字段类型是否合法、表的别名是否呼应，等等。

代码清单 7-21　校验后的 SQL 语句

```
SELECT
    'u'.'id',
    'u'.'user_name',
    'u'.'password',
    'u'.'is_admin',
    'u'.'role',
    'u'.'created_date',
```

```
    'u'.'modified_date',
    'r'.'permission'
FROM
    'MYSQL'.'sys_user' AS 'u',
    'CSV'.'sys_role' AS 'r'
WHERE
    'u'.'role' = 'r'.'role'
ORDER BY
    'id'
```

**5. 作用域**

Calcite 内的作用域（SqlValidatorScope）指 SQL 每个子查询的解析范围，可以是解析树中的任何位置或者任何含有列的节点。图 7-4 为作用域示意。在这里，一条 SQL 语句会被拆分成两个作用域，它们之间可能存在依赖关系，但是每个作用域都是一个完整的查询。

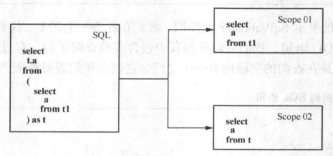

图 7-4　作用域示意

**6. 命名空间**

Calcite 中的命名空间（Namespace）指一个 SQL 查询所用的数据源，这些数据源可能是表、视图、子查询等。图 7-5 为命名空间示意。我们使用一条 SQL 语句同时对两张表进行查询，此处就会分化出两个命名空间，分别指代两个数据源 "emp" 和 "dept"。

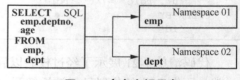

图 7-5　命名空间示意

## 7.3.2　校验流程

我们以代码清单 7-22 所示的 SQL 语句为例。

**代码清单 7-22　示例 SQL 语句**

```
select * from (select u.*,r.permission from sys_user u, CSV.sys_role r where u.role=r
.role order by id)
```

### 1. 标准化 SQL 语句

为了简化后面的逻辑，Calcite 会把节点重写为标准格式，具体包括 SqlOrderBy、SqlDelete、SqlUpdate、SqlMerge 和 Values 等。SqlOrderBy 和 Values 会被重写成 SqlSelect，而 SqlDelete 和 SqlUpdate 所删除和更新的数据会被封装在 SqlSelect 中，方便后面执行。我们此处使用的也是 SqlSelect 算子，里面也包含 SqlOrderBy 子查询，虽然看起来结果没什么变化，但实际上在代码层面，SQL 节点已经被重写了。标准化后的 SQL 语句如代码清单 7-23 所示。

**代码清单 7-23　标准化后的 SQL 语句**

```
SELECT
    *
FROM
    (
        SELECT
            *
        FROM
            'sys_user'
        ORDER BY
            'id'
    )
```

### 2. 注册命名空间和作用域

注册命名空间和作用域也就是将 SQL 语句中的命名空间和作用域提取出来，存储在临时变量中。这里我们会得到 3 个命名空间（1 个是 sys_user 这张原表，另外 2 个是 SelectNamespace，表示数据来自子查询）、2 个作用域（表示列分别出现在 2 个作用域范围）。这一步完成后我们会得到下面的 SQL 语句，可以看到作用域已经被重写，同时生成了一个变量名来代替子查询表的别名，如代码清单 7-24 所示。

**代码清单 7-24　使用命名空间和作用域之后的 SQL 语句**

```
SELECT
    *
FROM
    (
        SELECT
            *
        FROM
            'sys_user' AS 'sys_user'
        ORDER BY
            'id'
    ) AS 'EXPR$0'
```

### 3. 执行校验逻辑

执行校验逻辑需要调用元数据的内容，通过调用各个 SqlNode 节点的 validate 方法，最终还是回到 SqlValidatorImpl 类，利用上面得到的命名空间和作用域，结合元数据进行校验。
对于查询语句的命名空间校验，会对各个部分单独校验，如代码清单 7-25 所示。

**代码清单 7-25　SQL 语句校验的流程**

```
// 校验数据源
validateFrom(select.getFrom(), fromType, fromScope);
// 校验过滤条件
validateWhereClause(select);
// 校验分组条件
validateGroupClause(select);
// 校验 Having 条件
validateHavingClause(select);
// 校验窗口函数
validateWindowClause(select);
// 校验查询条件
validateSelectList(selectItems, select, targetRowType);
```

根据配置，最终 SQL 语句会被展开和替换，如代码清单 7-26 所示。

**代码清单 7-26　SQL 语句被展开和替换**

```
SELECT
    'EXPR$0'.'id',
    'EXPR$0'.'user_name',
    'EXPR$0'.'password',
    'EXPR$0'.'is_admin',
    'EXPR$0'.'role',
    'EXPR$0'.'created_date',
    'EXPR$0'.'modified_date'
FROM
    (
        SELECT
            'sys_user'.'id',
            'sys_user'.'user_name',
            'sys_user'.'password',
            'sys_user'.'is_admin',
            'sys_user'.'role',
            'sys_user'.'created_date',
            'sys_user'.'modified_date'
        FROM
            'MYSQL'.'sys_user' AS 'sys_user'
        ORDER BY
            'id'
    ) AS 'EXPR$0'
```

#### 4．校验失败

检验不会一帆风顺，如果语句引用的对象有误，那么错误会被直接抛出来。通过异常信
息非常容易定位错误。常见的错误有：找不到字段、找不到 UDF 以及找不到表或 Schema。比

如我们使用 SQL 语句 select len from sys_user，在找不到表中字段 len 时，通过异常链可以很清楚地看到调用过程和代码行数，可以确定是因为在展开 Select 投影字段（expandSelectExpr）时找不到对应的列而失败的。检验失败以后的错误信息如代码清单 7-27 所示。

**代码清单 7-27　校验失败以后的错误信息**

```
at org.apache.calcite.sql.SqlIdentifier.accept(SqlIdentifier.java:320)
    at .validate.SqlValidatorImpl.expandSelectExpr(SqlValidatorImpl.java:5600)
    at .validate.SqlValidatorImpl.expandSelectItem(SqlValidatorImpl.java:411)
    at .validate.SqlValidatorImpl.validateSelectList(SqlValidatorImpl.java:4205)
    at .validate.SqlValidatorImpl.validateSelect(SqlValidatorImpl.java:3474)
    at .validate.SelectNamespace.validateImpl(SelectNamespace.java:60)
    at .validate.AbstractNamespace.validate(AbstractNamespace.java:84)
    at .validate.SqlValidatorImpl.validateNamespace(SqlValidatorImpl.java:1067)
    at .validate.SqlValidatorImpl.validateQuery(SqlValidatorImpl.java:1041)
    at .SqlSelect.validate(SqlSelect.java:232)
    at .validate.SqlValidatorImpl.validateScopedExpression(SqlValidatorImpl.java:1016)
    at .validate.SqlValidatorImpl.validate(SqlValidatorImpl.java:724)
Caused by: .validate.SqlValidatorException: Column 'len' not found in any table
```

但是，有的问题并不能在校验阶段被发现。比如，我们使用 SQL 语句 select * from sys_user where id='a'，我们明明知道 id 是 int 类型，执行肯定会报错，但 SQL 校验的结果却如代码清单 7-28 所示，仅仅将字符 a 的类型转换为 bigint，做了一次 SQL 语句重写，这样只有到执行时才能发现类型不匹配。

**代码清单 7-28　通过校验但是仍然会存在问题的 SQL 语句**

```
SELECT
    'sys_user'.'id',
    'sys_user'.'user_name',
    'sys_user'.'password',
    'sys_user'.'is_admin',
    'sys_user'.'role',
    'sys_user'.'created_date',
    'sys_user'.'modified_date'
FROM
    'MYSQL'.'sys_user' AS 'sys_user'
WHERE
    'sys_user'.'id' = CAST('a' AS BIGINT)
```

# 7.4　元数据 DDL

之前是通过文件的形式来声明元数据的，这种声明方式在使用过程中非常不方便。一般来说，数据管理系统会设定 DDL 来对元数据进行操作，这样就能够通过 SQL 语句来控制元数据。然而 Calcite 专注的是查询和优化，核心依赖里只包含查询相关的 SQL 语法，DDL 部分的功能单独写在了 calcite-server 模块中，在 calcite-core 模块中包含 DDL 相关的 SqlNode 子类，比如 SqlDrop、SqlCreate。calcite-server 模块实际上是扩展了语法文件，支持了部分 DDL。下面我们来介绍 Calcite 中 DDL 的使用方法。

首先要引入 calcite-server 模块依赖，如果使用 Maven 来管理，可以直接在 pom.xml 文件中添加对应的依赖坐标信息，如代码清单 7-29 所示。

**代码清单 7-29　calcite-server 模块的配置信息**

```
<dependency>
    <groupId>org.apache.calcite</groupId>
    <artifactId>calcite-server</artifactId>
    <version>${calcite-version}</version>
</dependency>
```

然后在创建连接时指定新的语法解析工厂类，这个工厂类写在了 ServerDdlExecutor 类里，我们可以通过指定 "PARSER_FACTORY" 参数来修改使用的语法，如代码清单 7-30 所示。

**代码清单 7-30　添加新的语法解析工厂类的示例**

```
final Properties p = new Properties();
// 在配置信息中添加语法解析工厂信息
p.put(CalciteConnectionProperty.PARSER_FACTORY.camelName(),
        ServerDdlExecutor.class.getName() + "#PARSER_FACTORY");

// 获取数据库连接对象，并进行进一步的操作
try (final Connection conn =
        DriverManager.getConnection("jdbc:calcite:", p)){...}
```

经过配置，我们就可以用 SQL 创建数据模式、表、视图、函数和数据类型等实体信息，如代码清单 7-31 所示。

**代码清单 7-31　用 SQL 创建实体信息**

```
final Statement s = conn.createStatement();
// 创建数据模式
s.execute("CREATE SCHEMA s");
// 创建表
s.executeUpdate("CREATE TABLE s.t(age int, name varchar(10))");
// 插入数据
s.executeUpdate("INSERT INTO s.t values(18,'jimo'),(20,'hehe')");
ResultSet rs = s.executeQuery("SELECT count(*) FROM s.t");
rs.next();
assertEquals(2, rs.getInt(1));
// 创建视图
s.executeUpdate("CREATE VIEW v1 AS select name from s.t");
rs = s.executeQuery("SELECT * FROM v1");
rs.next();
```

```
assertEquals("jimo", rs.getString(1));
// 创建数据类型
s.executeUpdate("CREATE TYPE vc10 as varchar(10)");
s.executeUpdate("CREATE TABLE t1(age int, name vc10)");

// 删除视图和注销数据类型
s.executeUpdate("DROP VIEW v1");
s.executeUpdate("DROP TYPE vc10");
```

不过 Calcite 对这部分并不重视，这几个 DDL 语法并不完善。扩展语法的方法我们在前文中已经介绍了，在此不赘述。

## 7.5　本章小结

本章主要对 Calcite 的校验层逻辑进行了介绍，分为 4 个部分。首先介绍了为何进行校验和如何进行校验；然后介绍了 Calcite 元数据的基本概念以及如何在 Calcite 中自定义元数据，通常来讲，需要将 model.json 文件和代码结合来创建表元数据；接着对校验器的运行逻辑以及它与元数据信息的交互方式进行了介绍；最后讲解了 Calcite 内部对于 DDL 的实现情况。校验层是非常重要的，因为它管理了很多静态环境信息以及查询逻辑，对整个数据管理系统的稳定运行起到了至关重要的作用。但是到此为止，我们的查询操作仅仅基于基本语义进行校验和转换，还没有真正开始查询优化——这部分才是 Calcite 的"重头戏"，我们会在第 8 章详细介绍 Calcite 优化模块的内容。

# 第 **8** 章

# 优化层

随着数据库理论的逐渐成熟，计算机技术不断的发展，数据库的应用不断增加。要想使数据库的查询速度越来越快，一方面需从硬件下手不断提升机器的性能，另一方面需从软件层面的优化下手。本章将讲述在 Calcite 中如何使用优化器来提高查询效率。

## 8.1 关系代数与火山模型

从数据库的发展历史来看其主要经历了 3 次演变，从第一代层次和网格数据库系统到第二代关系数据库系统，再到第三代以面向对象数据库模型为主要特征的新一代数据库系统。其中最重要的便是第二代关系数据库的出现，其为今后的数据库的发展奠定了基础。

### 8.1.1 关系代数

基本的关系代数运算有选择、投影、集合并、集合差、笛卡儿积等。在这些基本运算之外，还有一些集合之间的交集、连接、除和赋值等运算。连接运算可分为连接、等值连接、自然连接、外连接、左外连接和右外连接。正是由于这些关系代数的操作才使得优化过程变得可能。为什么这么说呢？举一个简单的示例，如代码清单 8-1 所示。

**代码清单 8-1　示例 SQL 语句**

```
select
    t1.id,
    t2.name
from
    t1
    join t2 on t1.id = t2.id
where
    t1.score = 90
```

这是一条标准的 SQL 语句，其中涉及选择、投影、内连接、谓词等。每一条 SQL 语句都会经过解析、校验、逻辑计划、物理计划、物理执行。其中在解析之后会生成抽象语法树，经过抽象语法树后便会转换为关系代数模型。图 8-1 展示了转换后的关系代数模型。

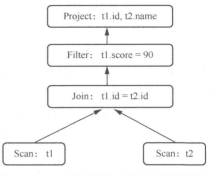

图 8-1　SQL 语句转换后的关系代数模型

Scan 算子：该算子会读取要查询的表数据。因为需要对两张表进行连接，所以示例中出现两个 Scan 算子分别读取两张表。

Join 算子：该算子会把需要读取的表数据根据设定的条件进行连接并筛选出符合条件的数据。示例中会根据两张表的 id 是否相等进行筛选。

Filter 算子：该算子根据条件对数据进行进一步的过滤，抛弃无用数据。示例中会将所有成绩等于 90 的数据筛选出来。

Project 算子：该算子会选取最终需要展示给用户的字段。示例中只需要展示 name 字段和 id 字段即可。

从图 8-1 所示的关系代数模型可以发现，该模型将关系代数中每一种操作抽象为一个算子，每个算子内部封装相应的实现逻辑，通过这种方式便将整个数据流转变为自顶向下执行、数据自底向上拉取。该计算模型称为火山模型。

## 8.1.2　火山模型

火山模型又称为迭代器模型，现阶段大部分关系数据库都采用火山模型，如 PostgreSQL、Oracle、MySQL 等。火山模型最早于 1990 年被提出，其基本思路非常简单，将关系代数每一个操作都抽象成一个迭代器。每个迭代器都带有一个 next 方法。每次调用都会返回一条计算后的数据。因此一条 SQL 语句的计算会从根节点开始不断地调用算子当中的 next 方法直到最后的叶子节点。火山模型对每个算子的接口都进行了统一的封装，外部使用时可完全不需要知道算子的内部逻辑。也就是说，对于根节点下面的子节点具体是什么算子并不关心，它只需要从子节点那里获取想要获取的数据即可。

# 8.2　优化器

在 8.1 节中简单介绍了数据库的发展、关系代数模型、火山模型。但是好像并没有提及优化器的内容，那么到底优化器是在什么时候发挥作用的呢？又是如何进行优化的呢？为什么优化器对于一个数据库来说是核心？

## 8.2.1 优化器介绍

现如今有许许多多的开源数据库，每个数据库的查询优化逻辑完全不同。优化器的内部实现非常复杂，使用了各种各样的手段来提升查询的效率。对于复杂 SQL 的查询场景，不同优化器的表现完全不一样。一个好的优化器可以大幅度提升查询效率，因此查询的耗时很大一部分取决于优化器。那么如此强大的优化器到底是如何实现的呢？这就要从一条完整的SQL 语句说起。一条 SQL 语句大概会经历以下 5 个步骤。

（1）解析：把 SQL 语句解析成抽象语法树。

（2）校验：根据元数据信息校验字段、表等信息是否合法。

（3）逻辑计划：生成最初版本的逻辑计划。

（4）逻辑计划优化：对前一阶段生成的逻辑计划进行进一步优化。

（5）物理执行：生成物理计划，执行具体物理计划。

逻辑计划优化刚好位于逻辑计划和物理执行之间。生成的未经优化的逻辑计划完全是根据输入的 SQL 语句直接转换而来的。也就是说，输入的 SQL 语句是什么样子，逻辑计划便会一对一地将其转换为关系代数模型。这样生成的逻辑计划乍一看并没有什么问题，用户怎么写的就怎么转换。但是其中有很多信息是多余的，完全没必要浪费这些 CPU 和内存的资源。我们以代码清单 8-1 中的 SQL 语句为例。设想如果表 t1 和 t2 的数据量都非常大，分别是一个存在上百列的"大宽表"。那么上述关系代数模型是不是还可以进一步优化呢？仔细观察该 SQL 语句会发现最终查询的结果列只需要输出 id、name 两个字段，对于其他字段的值并不关心，同时 where 后面的条件查询要求过滤出成绩等于 90 的数据，对于其他成绩的数据并不关心。因此是不是对于大量的数据完全没有必要进行 Join 操作呢？我们都知道 Join操作非常消耗资源，它会随着数据量的增长导致执行得越来越慢。因此在上述场景中成绩不等于 90 的数据和其他字段的数据完全没有必要参与到 Join 操作当中，可以将其提前过滤。图 8-2 展示了优化前后的结构变化。

通过对算子的等价转换可以将图 8-2（a）所示的结构转换成图 8-2（b）所示的结构。由于只用到 id 和 name 两列，对于其他列并没有用到，因此可以完全将其下推到 Join 算子下面，如果数据源支持过滤甚至可以下推到具体数据源。对于 Filter 算子，过滤出成绩等于 90 的数据也使用同样的方法。最终的 Join 算子不再获取全部数据做 Join 操作，而是对过滤完后的数据做 Join 操作。这样一个简单的转换带来的好处是显而易见的，Scan 算子需要去数据源读取数据，读取数据需要花费大量的 I/O 资源，如果能在源头提前过滤掉数据，就可以避免许多无意义的 I/O 资源的浪费。同时前文提到每个父节点会调用子节点的 next 方法读取数据，如果我们能够提前对数据进行过滤而不是将数据都读入内存当中再判断数据是否符合条件，那么我们就能省掉内存中的过滤操作。设想我们写了如下 SQL 语句，如代码清单 8-2 所示。

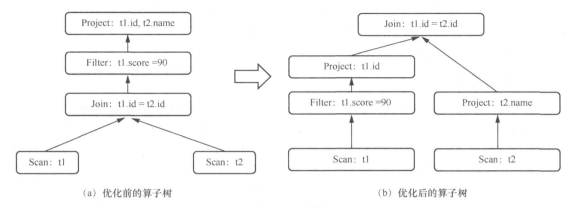

（a）优化前的算子树　　　　　　　　　　（b）优化后的算子树

图 8-2　优化前后的结构变化

**代码清单 8-2　示例 SQL 语句**

```
select * from table limit 10
```

该 SQL 语句仅仅希望查询出 10 条数据。如果不优化，按照火山模型的结构会把所有数据全部读入内存当中，然后取 10 条数据并返回，这中间会浪费大量 I/O 资源和 CPU 资源。如果数据存储在外部网络，此时还会出现大量的网络延迟，而这些延迟仅仅是为了读取 10 条数据而已。仅仅这一项简单的优化也许就能够节省几秒甚至几分钟的等待时间。

通过上述几个简单的例子可以看出，优化器的核心其实就是对关系代数模型进行等价转换，通过几步的转换将最初的关系代数模型化为一种更为简单、高效且不影响最终数据结果的关系代数模型。最后的关系代数模型一定是一种相比之前更优的执行方案，因此也就实现了我们进行查询优化的目的。

简单来说，查询优化主要过程如下。

（1）生成未经优化的逻辑计划，该逻辑计划只是按照最初 SQL 语句逻辑生成的。

（2）对未经优化的逻辑计划进行等价转换，通过匹配人为设定的规则进行算子的替换，同时必须要保证转换前后返回的结果不变，但执行的成本不同。

（3）通过遍历所有规则寻找执行成本最低的表达式，最终把原始表达式转换为优化后的表达式，将一个 SQL 语句查询优化得更高效。

## 8.2.2　RBO 模型和 CBO 模型

既然优化器如此强大，它是如何知道什么时候对算子做什么样的操作呢？细心的读者可能已经注意到了 8.2.1 小节最后提到的匹配人为设定的规则。其实通过前面的例子可以很容易想到一种方法，那就是基于规则的优化方法。基于规则的优化方法的要点在于结构匹配和替换。应用规则的算法一般需要先在关系代数结构上匹配一部分局部的结构，再根据结构的特点进行转换乃至替换操作。

### 1. RBO 模型

RBO 模型的核心思想很简单，你给我什么规则我就匹配什么规则，根据人为设定的优化规则对前一阶段生成的关系表达式进行等价转换，转换过程中不会改变原有表达式的含义，只是替换或删除原有表达式中的算子。经过一系列转换后会生成最终的执行计划。RBO 模型拥有许多优化规则，通过遍历这些规则进行等价转换，如果规则能匹配上就应用，否则跳过该规则进入下一条规则。同样一条 SQL 语句，无论读取的表中数据是怎样的，最后生成的执行计划都是一样的。同时，在 RBO 模型中 SQL 语句写法的不同很有可能会影响最终的执行计划，从而影响执行计划的性能。这里举一个简单的示例，如代码清单 8-3 所示。

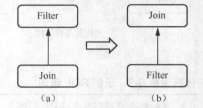

图 8-3　自定义的关系代数转换规则

**代码清单 8-3　示例 SQL 语句**

```
select t1.id from t1 join t2 on t1.id = t2.id where t1.score=90
```

现在我们设定一条 Filter 下推规则。图 8-3 展示了自定义的关系代数转换规则。

该规则的意思是当匹配到关系代数模型中父节点是 Filter 算子、子节点是 Join 算子时，如图 8-3（a）所示，就认为结构匹配成功。因此下推 Filter 算子到 Join 算子下方。图 8-4（a）展示的是该 SQL 语句未经优化的关系代数模型，该关系代数模型中刚好出现了 Filter 算子和 Join 算子组合成的父子关系，因此匹配上了我们刚刚定义的 Filter 规则模型，可以将其等价转换为图 8-4（b）所示的结构，即 Join 算子在上，Filter 算子在下。

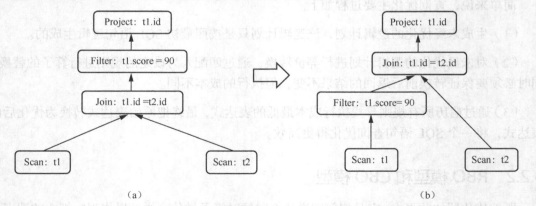

图 8-4　自定义转换规则控制的转换过程

RBO 模型的优点很明显，那就是使用简单，但是缺点同样明显，用户写的每一条 SQL 语句，无论数据表中的内容怎样，都不会影响最终生成的执行计划，因为 RBO 模型并不关心数据量是多少，只要匹配上规则就转换。同时很有可能一种结构可以匹配多条规则，这个时候如何判断使用哪条规则才是最优解呢？正是由于 RBO 模型存在诸多的问题才会引入 CBO 模型。

**2. CBO 模型**

在实际的使用过程中，数据的规模很大程度上会影响一条 SQL 语句的性能，这正是 RBO 模型所没有考虑到的。它只是定义相关规则而没有考虑数据是变化的，所以 RBO 模型生成的执行计划往往不一定是最优解。因此 CBO 模型为了解决 RBO 模型的上述问题引入了额外的统计信息，包括数据量、CPU、内存、I/O 等。这也是 CBO 模型名字的来源——基于代价进行更加智能的优化查询。在进行多表 Join 的时候底层其实是根据优化器智能选择 Join 的实现方式。在进行多表 Join 的时候，其实现方式有 3 种：Hash Join、Nested Loops 和 Sort Merge Join。

（1）Hash Join 的核心思想是将两张表中较小的表利用连接键在内存中建立散列表，将数据存储在散列表当中，然后扫描大表对连接键进行同样的散列操作，这样相同的键会分散到同一个桶当中，从而可以快速找到匹配的行。这种方式适用于可以存储在内存当中的小表。

（2）Nested loops 用于固定一张表到内存（称为内表），循环从另一张表中读取数据，然后遍历内表。表中的每一行与内表中的相应记录做连接操作。简单地说就是，两层 for 循环，外层 for 循环访问外表，内层 for 循环访问内表。此方式同样适用于数据量不是很大的情况。

（3）Sort Merge Join 是先将关联表的关联列各自排序，然后从各自的排序表中抽取数据，到另一张排序表中进行匹配。其排序效率相对较低，因此当其他两者都不适合的时候使用此方式。

从上述提到的 3 种底层 Join 实现方式可以看出，选择哪一种实现方式很大程度取决于数据量。因此如果使用 RBO 模型则很难实现智能选择，然而如果使用 CBO 模型则可以根据数据量的推断来智能选择使用何种 Join 实现。

## 8.2.3　寻找关系代数最优解

每一次对关系代数模型的转换都是因为匹配了某个特定的规则，转换后的结果还可以继续匹配规则然后进行转换，直到没有可以匹配的规则。这时候问题就来了，如何快速得到一个最优解呢？图 8-5 为关系代数规则匹配示意。

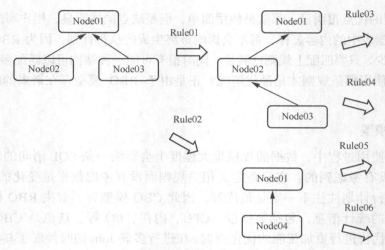

图 8-5 关系代数规则匹配示意

因此一种很简单的想法就是我们对于每一种方案都给予一个代价值，当枚举出所有转换结果之后就可以得到最优的方案。然而这样做显然是很"愚蠢"的，因为要不停地枚举所有可能出现的方案，这需要消耗大量的时间。也许最终优化的结果相比之前也就快了几秒的时间，但是在寻找最优解的时候可能花费了几十秒甚至几分钟。因此这种计算方式失去了优化器本身的意义。为了解决这个问题引入了火山优化模型。

火山优化模型在计算过程中很重要的一点是使用了动态规划和贪心的思想。贪心算法当中很重要的一点就是在对问题求解时，总是选取当前认为最优的解，而不是从全局的最优角度考虑。因此在优化的过程中可以把一棵算子树拆分成几个区域，那么在计算总成本时，我们只考虑每一个区域得到的最优解，最终所有区域合起来便是整体的最优解。

例如，Cost(sum)=Cost(a)+Cost(b)+Cost(c)+…。如果在计算成本的时候 a、b、c 等的代价都很小，那么整体的代价也不会很大；反之，如果某一个代价非常大，那么整体的代价也会随之上升。需要注意的一点是，贪心算法得到的并不一定是最优解，也许还存在更好的、更优的解，但是如果要枚举所有结果后算出最优解，这在时间上是无法承受的。

在 Calcite 当中利用 CBO 模型实现优化的过程将在 8.3.3 小节中进行具体描述。

# 8.3 Calcite 优化器

通过前文的学习，相信读者对于数据库优化器有了一定的了解。本节将讲述优化器在 Calcite 当中是如何应用的。

关系代数模型占据了 Calcite 的"灵魂"位置，每一个查询在 Calcite 当中都会转换为算子树，也就是前文提到的关系代数模型。在 Calcite 当中用户可以通过一条 SQL 语句进行转换，同时还可以直接通过官方提供的 API 构建算子树。Calcite 官方提供了 RBO 和 CBO 两种优化模型，图 8-6 为其接口定义示意。

RelOptPlanner
AbstractRelOptPlanner
HepPlanner
VolcanoPlanner

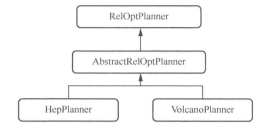

图 8-6 Calcite 中 RBO 模型和 CBO 模型接口定义示意

HepPlanner 是 RBO 模型，Volcano-Planner 是 CBO 模型，官方默认采用的就是 CBO 模型。因为相较于 RBO 模型这种单纯比较匹配规则的生硬做法，显然 CBO 模型才是首选。值得注意的是，Oracle 也默认将优化器设置为 CBO 模型。在优化模型方面，Calcite 提供了非常灵活的可扩展接口，你可以添加属于自己的关系算子、规则、代价模型、统计信息等。

## 8.3.1 构建算子树

在 Calcite 当中构建算子树是进行优化的前提，因为优化器需要根据算子树的结构来进行规则的匹配，进而实现等价转换。RelBuilder 类用来构建关系表达式，先看一下该类所提供的方法，图 8-7 和图 8-8 分别展示了聚合函数和谓词部分列表。

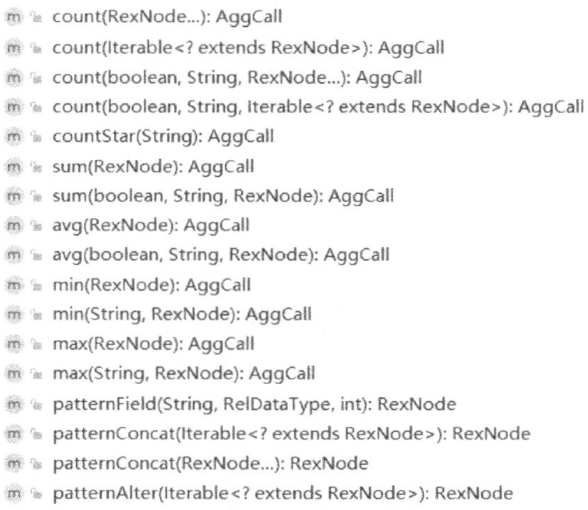

count(RexNode...): AggCall
count(Iterable<? extends RexNode>): AggCall
count(boolean, String, RexNode...): AggCall
count(boolean, String, Iterable<? extends RexNode>): AggCall
countStar(String): AggCall
sum(RexNode): AggCall
sum(boolean, String, RexNode): AggCall
avg(RexNode): AggCall
avg(boolean, String, RexNode): AggCall
min(RexNode): AggCall
min(String, RexNode): AggCall
max(RexNode): AggCall
max(String, RexNode): AggCall
patternField(String, RelDataType, int): RexNode
patternConcat(Iterable<? extends RexNode>): RexNode
patternConcat(RexNode...): RexNode
patternAlter(Iterable<? extends RexNode>): RexNode

图 8-7 Calcite 中聚合函数部分列表

图 8-7 和图 8-8 展示了 RelBuilder 中的部分方法，我们熟悉的 MAX、SUM、AND、CAST、OR 等 SQL 中常见的关键字都在该类中有对应的方法。每一个方法都对应算子树的一个节点。

例如，现在通过 RelBuilder 的 create 方法创建 RelBuilder 实例，再构建 Scan 算子，如代码清单 8-4 所示。Scan 算子代表扫描的数据源，比如表或视图。

- Ⓜ 🔒 dot(RexNode, int): RexNode
- Ⓜ 🔒 call(SqlOperator, RexNode...): RexNode
- Ⓜ 🔒 call(SqlOperator, List<RexNode>): RexCall
- Ⓜ 🔒 call(SqlOperator, Iterable<? extends RexNode>): RexNode
- Ⓜ 🔒 in(RexNode, RexNode...): RexNode
- Ⓜ 🔒 in(RexNode, Iterable<? extends RexNode>): RexNode
- Ⓜ 🔒 and(RexNode...): RexNode
- Ⓜ 🔒 and(Iterable<? extends RexNode>): RexNode
- Ⓜ 🔒 or(RexNode...): RexNode
- Ⓜ 🔒 or(Iterable<? extends RexNode>): RexNode
- Ⓜ 🔒 not(RexNode): RexNode
- Ⓜ 🔒 equals(RexNode, RexNode): RexNode
- Ⓜ 🔒 notEquals(RexNode, RexNode): RexNode
- Ⓜ 🔒 between(RexNode, RexNode, RexNode): RexNode
- Ⓜ 🔒 isNull(RexNode): RexNode
- Ⓜ 🔒 isNotNull(RexNode): RexNode
- Ⓜ 🔒 cast(RexNode, SqlTypeName): RexNode
- Ⓜ 🔒 cast(RexNode, SqlTypeName, int): RexNode
- Ⓜ 🔒 cast(RexNode, SqlTypeName, int, int): RexNode
- Ⓜ 🔒 alias(RexNode, String): RexNode

图 8-8　Calcite 中谓词部分列表

**代码清单 8-4　使用 create 方法构建 Scan 算子**

```
final FrameworkConfig config = MyRelBuilder.config().build();
final RelBuilder builder = RelBuilder.create(config);
final RelNode node = builder
        .scan("data")
        .build();
System.out.println(RelOptUtil.toString(node));
```

输出的执行计划如代码清单 8-5 所示。

**代码清单 8-5　输出的执行计划**

```
LogicalTableScan(table=[[csv, data]])
```

上述代码等同于平常写的 SQL 语句，如代码清单 8-6 所示。

**代码清单 8-6　示例 SQL 语句**

```
Select * from data
```

继续构建 Filter 和 Project 算子，如代码清单 8-7 所示。对于字段，使用 field 方法构建；对于常量值，使用 literal 方法构建。

**代码清单 8-7　构建 Filter 和 Project 算子**

```
final FrameworkConfig config = MyRelBuilder.config().build();
final RelBuilder builder = RelBuilder.create(config);
final RelNode node = builder
        .scan("data")
```

```
        .project(builder.field("Name"),builder.field("Score"))
        .filter(builder.call(SqlStdOperatorTable.GREATER_THAN,
                builder.field("Score"),
                builder.literal(90)))
        .build();
```

输出的执行计划如代码清单 8-8 所示。

**代码清单 8-8　输出的执行计划**

```
LogicalFilter(condition=[>($1, 90)])
    LogicalProject(Name=[$1], Score=[$2])
        LogicalTableScan(table=[[csv, data]])
```

在生成算子树的过程中会把字段的信息转换为类似$1、$2 这种形式，以方便后续的操作。上述代码相当于平常写的 SQL 语句，如代码清单 8-9 所示。

**代码清单 8-9　示例 SQL 语句**

```
select name, score from data where score>90
```

通过上述两个例子可以发现我们构建的 RelNode 符合先进后出的规律，这不正好和栈具有相同的性质吗？通过源码分析发现，构造出 RelNode 之后都会有一个 push 方法的实现，如代码清单 8-10 所示。

**代码清单 8-10　构建 RelNode 后的处理操作**

```
public RelBuilder scan(Iterable<String> tableNames) {
    final List<String> names = ImmutableList.copyOf(tableNames);
    final RelOptTable relOptTable = relOptSchema.getTableForMember(names);
    if (relOptTable == null) {
        throw RESOURCE.tableNotFound(String.join(".", names)).ex();
    }
    //构建 scan 算子
    final RelNode scan =
        struct.scanFactory.createScan(
            ViewExpanders.toRelContext(viewExpander, cluster),
            relOptTable);
    //压入栈中
    push(scan);
    rename(relOptTable.getRowType().getFieldNames());
        //对于非 TableScan 算子添加别名
        if (!(scan instanceof TableScan)) {
            as(Util.last(ImmutableList.copyOf(tableNames)));
        }
        return this;
}
```

通过对 push 方法的实现发现其内部果然是采用栈的方式来构建表达式的，这也就解释了为什么输出的表达式符合先进后出的规律，如代码清单 8-11 所示。

代码清单 8-11  push 方法

```
public RelBuilder push(RelNode node) {
    stack.push(new Frame(node));
    return this;
}
```

在许多情况下都是通过调用 builder 方法来获取表达式的最后一个节点的，也就是 root 节点。当表达式存在嵌套的时候还可以用另一种方式来构建，使其看上去更加符合逻辑。

例如我们有以下 SQL 语句，其中不仅有嵌套子查询，还有多个 Join 操作，如代码清单 8-12 所示。

代码清单 8-12  示例 SQL 语句

```
select
 *
from
 (
   select
    *
   from
      student
      join score on student.id = score.id
 ) t1
 join (
   select
    *
   from
      school
      join city on school.id = city.id
 ) t2 on t1.id = t2.id
```

看起来相对于前几条语句略微有些复杂，但是如果画出其关系代数结构就会非常清晰，图 8-9 为其结构示意。

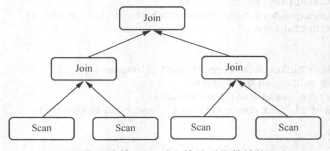

图 8-9  代码清单 8-12 对应的关系代数结构示意

如果用之前的方式来构建算子树会非常麻烦，而且看起来很复杂、不易读，那么 Calcite 当中还提供了如下方式，将每个 Join 分开操作后再汇总，如代码清单 8-13 所示。

**代码清单 8-13　每个 Join 分开操作后再汇总示例**

```
private static void joinTest() {
    final FrameworkConfig config = MyRelBuilder.config().build();
    final RelBuilder builder = RelBuilder.create(config);
    final RelNode left = builder
            .scan("STUDENT")
            .scan("SCORE")
            .join(JoinRelType.INNER, "ID")
            .build();

    final RelNode right = builder
            .scan("CITY")
            .scan("SCHOOL")
            .join(JoinRelType.INNER, "ID")
            .build();

    final RelNode result = builder
            .push(left)
            .push(right)
            .join(JoinRelType.INNER, "ID")
            .build();
}
```

## 8.3.2　RelNode

通过 8.3.1 小节的学习，相信读者对于如何利用 RelBuilder 构建关系代数已经有了一定的了解。既然要生成算子树，就需要生成每个算子树节点。在 8.3.1 小节给读者演示了如何生成算子树，但是并没有详细介绍每一个算子树节点到底是什么。

其实在算子树当中每一个节点就是一个 RelNode。一条 SQL 语句经过解析、校验之后便会将 SqlNode 转换为 RelNode 做后续的优化。其实 SqlNode 和 RelNode 在概念上非常相似，它们都代表对数据做某一种操作，因此它们的名称通常都是用动词来命名的。图 8-10 展示了部分 RelNode 的实现类，其中 Project、Sort 等全是熟悉的 SQL 操作。

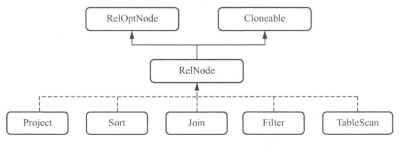

图 8-10　部分 RelNode 继承结构

除了 RelNode，还有 RexNode，它代表的是行表达式，是对字面量、函数等进行的封装。图 8-11 展示了部分 RexNode 继承结构，其中 RexVariable 代表变量表达式，RexCall 代表函数等操作，RexLiteral 代表常量表达式。

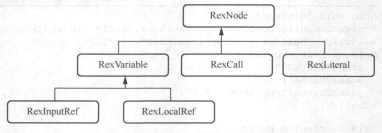

图 8-11　部分 RexNode 继承结构

例如我们写了一条 SQL 语句，如代码清单 8-14 所示。

代码清单 8-14　示例 SQL 语句

```
select * from table where time=to_date('2020-12-12') and name='小明'
```

上述 SQL 语句中 to_date 就是一个 RexCall，其内部的"2020-12-12"字符串就代表 RexLiteral，表中的字段（如 name、time）则代表 RexInputRef。在每一个 RelNode 当中都保存了 RexNode，该 RexNode 记录了行表达式信息，通过行表达式信息后续便会知道是对哪一个字段、哪一个常量做什么样的操作，这些信息全都会保存下来。

### 8.3.3　Calcite 优化模型

通过 RelBuilder 构建一个个由 RelNode 组成的算子树节点，最终的目的都是进行等价转换，将效率不高的算子树节点转换为代价更低但又不影响结果的关系代数模型。因此本小节将介绍 Calcite 当中提供的 RBO 模型和 CBO 模型。

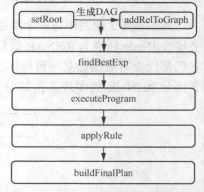

图 8-12　HepPlanner 的整体执行流程

#### 1. HepPlanner

在 Calcite 当中提供了 HepPlanner 优化器，它的实现就采用了 RBO 模型。首先通过图 8-12 来看一下整体执行流程。

在 Programs 类当中会调用 standard 方法，该方法便是优化的入口。首先调用 setRoot 方法将抽象语法树转换为一个单向的有向无环图（Directed Acyclic Graph，DAG），后续的所有操作便是基于该有向无环图来做相应的操作。之后便会调用 findBestExp 方法匹配规则、应用规则，如代码清单 8-15 所示。

代码清单 8-15　findBestExp 方法

```
// 实现 RelOptPlanner
public RelNode findBestExp(){
```

```
    assert root != null;

    executeProgram(mainProgram);

    collectGarbage();
    dumpRuleAttemptsInfo();
    return buildFinalPlan(root);
}
```

在 executeProgram 中会遍历所有注册的规则，然后进行匹配。可能有读者会疑惑，这些规则是如何定义的，什么样的规则才可以匹配呢？

其实通过观察 Calcite 内部自定义的规则便可以发现其匹配的逻辑，比如 FilterJoinRule。

该规则可以将 Filter 算子下推至 Join 算子下面，如代码清单 8-16 所示。

**代码清单 8-16　FilteJoinRule 的匹配策略**

```
// 规则匹配
public interface Config extends FilterJoinRule.Config {
    Config DEFAULT = EMPTY
            .withOperandSupplier(b0 ->
                    b0.operand(Filter.class).oneInput(b1 ->
                            b1.operand(Join.class).anyInputs()))
            .as(FilterIntoJoinRule.Config.class)
            .withSmart(true)
            .withPredicate((join, joinType, exp) -> true)
            .as(FilterIntoJoinRule.Config.class);

    @Override
    default FilterIntoJoinRule toRule() {
        return new FilterIntoJoinRule(this);
    }
}
```

规则的制定主要是通过 withOperandSupplier 来实现的，它需要传递一个 OperandTrans form 类，如代码清单 8-17 所示。通过源码发现该类是一个函数式接口，因此只包含一个抽象方法 apply，该 Funciton 需要传递一个 OperandBuilder 参数，返回结果是 Done 类型，代表已经完成。

**代码清单 8-17　OperandTransform 接口**

```
@FunctionalInterface
public interface OperandTransform extends Function<OperandBuilder, Done> {
}
```

因此 OperandBuilder 便是制定规则的关键。通过调用 operand（Class）传入相应节点的 RelNode 的 Class 便可以定义该规则。例如希望制定一条规则为 Project 节点、同时 Project 节点下面没有任何子节点输入时就可以这样写，如代码清单 8-18 所示。

**代码清单 8-18　通过 operand 定义规则**

```
withOperandSupplier(b0 ->
    b0.operand(Project.class).noInputs)
```

如果你希望该 Project 节点的一个输入是 Join 算子便可以这样写，如代码清单 8-19 所示。

**代码清单 8-19　另一种挂载方式**

```
withOperandSupplier(b0 ->
    b0.operand(Project.class).oneInput(b1 ->
        b1.operand(Join.class).anyInputs()))
```

回过头再看 FilterJoinRule 的规则就很容易明白该规则的意思。首先需要匹配到一个算子是 Filter 算子，在 Filter 算子下面有一个输入是 Join 算子，Join 算子下面任何输入都可以，如代码清单 8-20 所示。

**代码清单 8-20　FilterJoinRule 规则**

```
.withOperandSupplier(b0 ->
    b0.operand(Filter.class).oneInput(b1 ->
        b1.operand(Join.class).anyInputs()))
```

通过上述方法就可以在遍历规则集的时候判断该算子结构是否符合优化规则。

在开始优化之前，Calcite 会把 RelNode 转换为一个有向无环图，该过程就发生在优化的第一步——setRoot 当中。未转化为有向无环图的算子树如代码清单 8-21 所示。

**代码清单 8-21　生成的执行计划**

```
LogicalProject(Id=[$0], Name=[$1], Score=[$2])
    LogicalFilter(condition=[=(CAST($0):INTEGER NOT NULL, 1)])
        LogicalTableScan(table=[[csv, data]])
```

在 setRoot 方法中会将每一个 RelNode 节点转化为相应的 HepRelVertex，HepRelVertex 作为有向无环图中的顶点，最终构建出有向无环图。在有向无环图当中同样也是对逻辑计划的一个描述，只是封装了更多的信息并转化为图而已，如代码清单 8-22 所示。根据广度优先遍历输出的执行计划中等号左侧展示了封装为 HepRelVertex 计划，等号右侧为未封装前的计划。

**代码清单 8-22　生成的有向无环图**

```
//封装后的节点相当于之前的 LogicalProject
rel#8:HepRelVertex(rel#7:LogicalProject.(input=HepRelVertex#6,inputs=0..2)) =
rel#7:LogicalProject.(input=HepRelVertex#6,inputs=0..2), rowcount=15.0,
cumulative cost= 130.0
//封装 filter 节点
rel#6:HepRelVertex(rel#5:LogicalFilter.(input=HepRelVertex#4,condition==(CAST($0):
INTEGER NOT NULL, 1))) =
rel#5:LogicalFilter.(input=HepRelVertex#4,condition==(CAST($0)
```

```
:INTEGER NOT NULL, 1)), rowcount=15.0, cumulative cost=115.0
//封装 scan 节点
rel#4:HepRelVertex(rel#1:LogicalTableScan.(table=[csv, data])) =
rel#1:LogicalTableScan.(table=[csv, data]), rowcount=100.0, cumulative cost=100.0
```

后续在 findBestExp 方法中对规则进行遍历，核心代码在 applyRule 方法中，如代码清单 8-23 所示。

**代码清单 8-23　对规则进行遍历的代码实现**

```
do {
    Iterator<HepRelVertex> iter = getGraphIterator(root);
    fixedPoint = true;
    while (iter.hasNext()) {
        HepRelVertex vertex = iter.next();
        for (RelOptRule rule : rules) {
            HepRelVertex newVertex =
                    applyRule(rule, vertex, forceConversions);//应用所有规则
            if (newVertex == null || newVertex == vertex) {
                continue;
            }
            ++nMatches;//转换次数加 1，当转换次数达到最大值就退出循环
            if (nMatches >= currentProgram.matchLimit) {
                return;
            }
            // 根据遍历规则，选择遍历方式
            if (fullRestartAfterTransformation) {
                iter = getGraphIterator(root);
            } else {
                iter = getGraphIterator(newVertex);
                if (currentProgram.matchOrder == HepMatchOrder.DEPTH_FIRST) {
                    nMatches =
                            depthFirstApply(iter, rules, forceConversions, nMatches);
                    if (nMatches >= currentProgram.matchLimit) {
                        return;
                    }
                }
                fixedPoint = false;
            }
            break;
        }
    }
} while (!fixedPoint);
```

该代码核心在 do while 循环当中，遍历的每一条规则通过 applyRule 方法判断该规则是否匹配，如果匹配则返回转换后的节点，如果不匹配则继续循环，如代码清单 8-24 所示。

**代码清单 8-24　判断规则是否匹配**

```
HepRelVertex newVertex = applyRule(rule, vertex,forceConversions);
```

当然并不会一直循环匹配下去，设想如果有一个结构 A 匹配成功并转化为 B 之后再进行匹配并又转化为 A，之后便会一直循环下去，出现死循环。因此 Calcite 当中设置了一个

变量 nMatches，当匹配次数达到最大值时就会结束循环。在一个规则匹配完成后便会根据设定遍历该有向无环图到下一个节点。Calcite 当中提供了 4 种遍历方式。

（1）ARBITRARY：任意匹配方式，该方式和深度优先遍历是一样的，采用的也是深度优先的方式。

（2）BOTTOM_UP：从叶子节点开始匹配一直到根节点，一种从下到上的方式。

（3）TOP_DOWN：从根节点开始匹配，一直到叶子节点，一种从上到下的方式。

（4）DEPTH_FIRS：深度优先遍历。

通过对每个顶点应用 applyRule 方法，得到优化后的有向无环图。最后在 buildFinalPlane 方法中将每一个节点转化为 RelNode 并返回。对于代码清单 8-25 所示的 SQL 语句，优化前的执行计划与优化后的执行计划对比如下。

**代码清单 8-25　示例 SQL 语句**

```
select a.Id from data as a  join data b on a.Id = b.Id where a.Id>1
```

优化前的执行计划如代码清单 8-26 所示。

**代码清单 8-26　优化前的执行计划**

```
LogicalProject(ID=[$0])
    LogicalFilter(condition=[>(CAST($0):INTEGER NOT NULL, 1)])//Filter算子在最顶层
        LogicalJoin(condition=[=($0, $3)], joinType=[inner])
        LogicalTableScan(table=[[csv, data]])
        LogicalTableScan(table=[[csv, data]])
```

从优化后的执行计划来看，Filter 算子经过匹配规则后已经下推到 Join 算子的下面，如代码清单 8-27 所示。

**代码清单 8-27　优化后的执行计划**

```
LogicalProject(ID=[$0])
    LogicalJoin(condition=[=($0, $3)], joinType=[inner])
        LogicalFilter(condition=[>(CAST($0):INTEGER NOT NULL, 1)]) //下推后的Filter算子
            LogicalTableScan(table=[[csv, data]])
        LogicalTableScan(table=[[csv, data]])
```

### 2. VolcanoPlanner

前文介绍到 VolcanoPlanner 其实就是利用 CBO 模型做优化，它会根据实际的查询代价来选择合适的规则进行应用。Calcite 当中默认提供了数据行数、CPU 代价、I/O 代价。通过这 3 个方面来影响一个规则的好坏。当然用户还可以自行添加希望考虑的指标以获得更加准确的优化方案。

在介绍优化过程之前需要读者先了解两个类——RelSet 和 RelSubset。这两个类在优化阶段起到了至关重要的作用。

在前文中提到，CBO 模型在计算过程中使用了贪心算法来寻找最优解，因此在计算的过程中可以把已经计算的子问题保存下来，当之后使用到该子问题时就可以直接使用而不需要重新计算。这其实就是动态规划的思想，将大问题拆分成子问题再对子问题求解，每个子问题并不是独立的，最后将子问题合并成最终结果。由于每一棵子树有多种等价转换，因此将所有的等价转换保存在 RelSet 的 rels 列表中，如代码清单 8-28 所示。

**代码清单 8-28　定义新的关系表达式列表**

```
final List<RelNode> rels = new ArrayList<>();
final List<RelSubset> subsets = new ArrayList<>();
```

在 RelSet 中还有一个列表是 subsets，它代表的是 RelSubset 集合，用于记录有相同物理属性的关系表达式的最优 RelNode。其中物理属性用于描述该 RelNode 是否具有分布或者排序等特征。设想如果某些数据在存储的时候就已经是有序的，那么我们就可以将其物理属性标注为已排序，这样后续的排序算子就可以省略，如图 8-13 所示。

和 HepPlanner 一样 VolcanoPlanner 同样从 setRoot 开始，不过不同的是在 VolcanoPlanner 中并不是将逻辑计划转化为图结构，而是做了一些初始化和将 RelNode 转换为 RelSubset，如代码清单 8-29 所示。其中，registerImpl 方法是整个方法的核心，因此后续主要对 registerImpl 方法进行讲解。

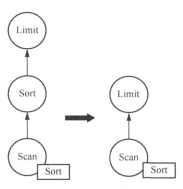

图 8-13　优化后的算子结构

**代码清单 8-29　setRoot 方法**

```
public void setRoot(RelNode rel) {
    registerMetadataRels();

    this.root = registerImpl(rel, null);
    if (this.originalRoot == null) {
        this.originalRoot = rel;
    }

    rootConvention = this.root.getConvention();
    ensureRootConverters();
}
```

在 registerImpl 方法中会遍历逻辑计划的子节点以保证每个节点都会进行注册，通过 getInputs 方法获取其子节点，之后在 ensureRegistered 方法中递归地再去遍历其子节点，以确保每个节点都会遍历到，如代码清单 8-30 所示。

**代码清单 8-30　registerImpl 方法**

```
List<RelNode> oldInputs = getInputs();
List<RelNode> inputs = new ArrayList<>(oldInputs.size());
for (final RelNode input : oldInputs) {
    RelNode e = planner.ensureRegistered(input, null);
    assert e == input || RelOptUtil.equal("rowtype of rel before registration",
                                           input.getRowType(),
                                           "rowtype of rel after registration",
                                           e.getRowType(),
                                           Litmus.THROW);

    inputs.add(e);
}
```

前文说到 RBO 模型和 CBO 模型最关键的一点就在于会对 CPU 和数据量做统计和通过计算选择代价最小的节点,因此遍历的每一个节点都会调用 registerImpl 的 addRelToSet 方法,在该方法中计算并记录每一个节点的代价。如果有等价表达式同时它的代价更小,便会更新这个 RelSubset,如代码清单 8-31 所示。

**代码清单 8-31　节点调用 addRelToSet 方法**

```
final int subsetBeforeCount = set.subsets.size();
RelSubset subset = addRelToSet(rel, set);
```

上述准备工作都做好之后就可以开始对规则进行匹配和筛选,根据"1.HepPlanner"部分所讲的规则匹配方式去匹配关系代数模型中的顺序和算子。如果匹配就把该条规则加入队列当中,如代码清单 8-32 所示。这些队列中的规则将在后续优化过程中起到作用。

**代码清单 8-32　fireRules 方法**

```
void fireRules(RelNode rel) {
    for (RelOptRuleOperand operand : classOperands.get(rel.getClass())) {
        if (operand.matches(rel)) {//规则匹配是否成功
            final VolcanoRuleCall ruleCall;
            ruleCall = new DeferringRuleCall(this, operand);
            ruleCall.match(rel);
        }
    }
}
```

将所有能匹配的规则加入队列后,就要开始寻找一个最佳的查询计划,即在 Volcano Planner 的 findBestExp 方法中开始寻找最优解,如代码清单 8-33 所示。

**代码清单 8-33　findBestExp 方法**

```
public RelNode findBestExp() {
ensureRootConverters();
registerMaterializations();
ruleDriver.drive(); //寻找最优解的核心方法
```

在 drive 方法当中使用了一个死循环，不断地从 ruleQueue 中取出规则，如代码清单 8-34
所示。从代码清单 8-34 中可以看出有两个条件可以打破循环，第一规则队列中弹出的规则
为 null 则退出循环，或者当抛出 VolcanoTimeoutException 异常的时候就会打破循环。通过
不断地匹配规则把关系代数模型转变为等价的新关系代数模型。当然对于新生成的模型同样
需要计算其代价并和之前的做对比，看其代价是否更小，如果更小便会替换该结构。

代码清单 8-34　drive 方法

```
@Override
public void drive() {
    while (true) {

        VolcanoRuleMatch match = ruleQueue.popMatch();
        if (match == null) {//没有规则可以匹配退出
            break;
        }
        assert match.getRule().matches(match);
        try {
            match.onMatch();
        } catch (VolcanoTimeoutException e) { //超时退出
            LOGGER.warn("Volcano planning times out, cancels the subsequent optimization.");
            planner.canonize();
            break;
        }

        planner.canonize();
    }

}
```

CBO 模型在计算的时候使用了贪心算法，为了让整体结构的代价达到最小，它会为每
个节点找到最优解，这样最终的解便也是最优的。因此通过上述计算获取了每个节点的最小
代价之后，只要把每个节点组合起来便是最优解。在 RelSubset 的 buildCheapestPlan 方法中
递归地组装每一个节点的最优解，如代码清单 8-35 所示。最终返回的 cheapest 便是优化后
的结果。

代码清单 8-35　buildCheapestPlan 方法

```
RelNode buildCheapestPlan(VolcanoPlanner planner) {
    CheapestPlanReplacer replacer = new CheapestPlanReplacer(planner);
    final RelNode cheapest = replacer.visit(this, -1, null);//利用访问者模式去遍历

    if (planner.getListener() != null) {
        RelOptListener.RelChosenEvent event =
            new RelOptListener.RelChosenEvent(
                planner,
                null);
```

```
        planner.getListener().relChosen(event);
    }

    return cheapest;
}
```

## 8.4 自定义优化规则

本节将介绍如何自定义优化规则。通过前文其实可以发现，对于自定义的优化规则，只要规定好你需要匹配的节点和你想要的转换方式，并将其加入规则当中就大功告成了。

### 8.4.1 CSV 规则

我们现在自定义一个很简单的规则，即将所有的 LogicalProject 算子转换为 CSVProject 算子。

**1. 创建 CSVProject 算子**

CSVProject 算子属于 RelNode，因此自然应该实现 RelNode 接口。但是你会发现，Calcite 当中专门提供了 Project 抽象类，因此我们可以直接继承该抽象类。其中 computeSelfCost 方法定义了该算子最终的代价。这里为了在做代价计算的时候让该算子变成最优，所以代价值设置为 0，如代码清单 8-36 所示。

**代码清单 8-36　创建 CSVProject 算子**

```
/**
 * 创建 CSVProject 算子
 */
public class CSVProject extends Project {

    /**
     * 构造方法
     */
    public CSVProject(RelOptCluster cluster,
                      RelTraitSet traits,
                      RelNode input, List<? extends RexNode> projects,
                      RelDataType rowType) {
        super(cluster,traits, ImmutableList.of(),input,projects,rowType);
    }

    /**
     * 复制投影算子
     */
    @Override
```

```
public Project copy(RelTraitSet traitSet,
                    RelNode input,
                    List<RexNode> projects,
                    RelDataType rowType) {
    return new CSVProject(getCluster(),traitSet,input,projects,rowType);
}

/**
 * 计算自身的计算代价
 */
@Override
public RelOptCost computeSelfCost(RelOptPlanner planner, RelMetadataQuery mq) {
    return planner.getCostFactory().makeZeroCost();
}
```

## 2. 制定规则

根据前文的讲解，制定规则的时候需要指定 CSVProject 算子的 Class 和输入。我们制定的规则很简单，如代码清单 8-37 所示，只是简单地将 LogicalProject 算子转换为 CSVProjcet 算子，因此在规则中只需要指定 LogicalProject 算子的 Class，将其后续输入设置为 anyInputs 即可。在 convert 方法中需要将 LogicalProject 算子转换为目标算子。在此示例中我们会将 LogicalProject 算子转换为 CSVProject 算子。

**代码清单 8-37　定义投影算子匹配逻辑**

```
/**
 * 定义投影算子匹配逻辑
 */
public interface Config extends RelRule.Config {
    // 匹配规则
    Config DEFAULT = EMPTY
            .withOperandSupplier(b0 ->
                b0.operand(LogicalProject.class).anyInputs())
            .as(Config.class);

    @Override
    default CSVProjectRule toRule() {
        return new CSVProjectRule(this);
    }
}

/**
 * 转换关系代数算子对象
 */
public RelNode convert(RelNode rel) {
    final LogicalProject project = (LogicalProject) rel;
    final RelTraitSet traitSet = project.getTraitSet();
    return new CSVProject(project.getCluster(), traitSet,
            project.getInput(), project.getProjects(),
            project.getRowType());
}
```

### 3. 注册规则

在构建 HepPlanner 或者 VolcanoPlanner 的时候直接进行规则的注册，如代码清单 8-38 所示。

**代码清单 8-38  在构建 HepPlanner 或者 VolcanoPlanner 时注册规则**

```
// 启发式模型
HepPlanner hepPlanner =
    new HepPlanner(
        programBuilder.addRuleInstance(CSVProjectRule.Config.DEFAULT.toRule())
            .build());

// 火山模型
RelOptPlanner relOptPlanner = relNode.getCluster().getPlanner();
// 默认获取为 VolcanoPlanner
relOptPlanner.addRule(CSVProjectRule.Config.DEFAULT.toRule());
```

## 8.4.2  RBO 模型与 CBO 模型的对比

在 8.4.1 小节中我们通过一个案例了解了如何自定义规则，其实还可以再定义一个规则，通过调节其计算的代价来直观地对 RBO 模型和 CBO 模型进行对比，如代码清单 8-39 所示。新建一个 CSVProjectWithCost 算子，设置相同的优化规则，但是将查询代价设置为无限大。通过这种方式来对比 CBO 模型和 RBO 模型会选择哪一个规则进行优化。

**代码清单 8-39  计算自身的代价**

```
public RelOptCost computeSelfCost(RelOptPlanner planner, RelMetadataQuery mq) {
    return planner.getCostFactory().makeInfiniteCost();
}
```

在 RBO 模型的优化规则下同时注册两个优化规则——CSVProjectRuleWithCost 和 CSV-ProjectRule，如代码清单 8-40 所示。

**代码清单 8-40  注册优化规则**

```
HepPlanner hepPlanner = new HepPlanner(
    programBuilder
        .addRuleInstance(CSVProjectRuleWithCost.Config.DEFAULT.toRule())
        .addRuleInstance(CSVProjectRule.Config.DEFAULT.toRule()).build());
```

最终产生的执行计划如代码清单 8-41 所示。

**代码清单 8-41  执行计划**

```
CSVProjectWithCost(ID=[$0])
    LogicalTableScan(table=[[csv, data]])
```

现在将两个优化规则的顺序互换一下，如代码清单 8-42 所示。

**代码清单 8-42  对两个优化规则的顺序进行调整**

```
HepPlanner hepPlanner =
    new HepPlanner(
            programBuilder
            .addRuleInstance(CSVProjectRule.Config.DEFAULT.toRule())
            .addRuleInstance(CSVProjectRuleWithCost.Config.DEFAULT.toRule())
                    .build());
```

此时形成的执行计划如代码清单 8-43 所示。

**代码清单 8-43  执行计划**

```
CSVProject(ID=[$0])
    LogicalTableScan(table=[[csv, data]])
```

细心的读者应该已经发现了，优化后的算子结构发生了变化。这是因为在遍历规则的时候如果 CSVProjectRule 注册顺序在前，则会直接进行匹配转换，之后 CSVProjectRuleWithCost 会因为没有能匹配的节点而结束优化流程。因此从这一点可以看出，RBO 模型只是遍历规则然后匹配，并没有考虑任何其他信息。

这次换成 VolcanoPlanner 优化器，同样注册两个一模一样的规则。但是 CSVProjectRule-WithCost 算子的代价已经配置到了无限大，如代码清单 8-44 所示。

**代码清单 8-44  切换优化器代码实现**

```
RelOptPlanner relOptPlanner = relNode.getCluster().getPlanner();
relOptPlanner.addRule(CSVProjectRule.Config.DEFAULT.toRule());
relOptPlanner.addRule(CSVProjectRuleWithCost.Config.DEFAULT.toRule());
relOptPlanner.setRoot(relNode);
RelNode exp = relOptPlanner.findBestExp();
```

最终优化的结果是 CSVProject，如代码清单 8-45 所示。这也验证了之前的结论，CBO 模型会考虑相关因素（包括查询代价）再进行规则的匹配。

**代码清单 8-45  最终的执行计划**

```
CSVProject(ID=[$0])
    LogicalTableScan(table=[[csv, data]])
```

值得一提的是，Calcite 中叶子节点也就是 TableScan 算子的行数默认为 100，CPU 默认为行数加 1。后续的算子的查询代价全都是基于该代价模型计算的。因此如果没有人为地设置行数，其优化效果也不会非常理想。具体逻辑如代码清单 8-46 所示。

**代码清单 8-46  查询代价的封装逻辑**

```
double dRows = table.getRowCount();//如果没有设置则默认为100行
double dCpu = dRows + 1;
```

```
double dIo = 0;
return planner.getCostFactory().makeCost(dRows, dCpu, dIo);
```

## 8.5　本章小结

　　本章先带读者回忆了数据库中的相关重要概念，例如火山模型、关系代数、CBO 模型和 RBO 模型等；之后便通过 Calcite 中的 RelBuilder 构建算子树，算子树是后续优化器的基础。Calcite 内部提供 HepPlanner 和 VolcanoPlanner，通过对内部实现原理进行梳理，我们了解了其规则匹配的方式，了解了如何将一个算子转化为另一个算子、如何自定义一个规则，并根据自定义的规则对比了 RBO 模型和 CBO 模型。本章的核心是优化器，后续的所有执行全部都基于这个优化后的结构。如何将优化后的逻辑计划转换为具体的执行，并进而适配不同的底层数据源，我们会在第 9 章介绍。

# 第**9**章

# 数据源接入

前文从结构层面对 Calcite 内部的组件进行了介绍，接下来对 Calcite 的功能进行介绍。首先介绍的是连接多个数据源。不论数据是什么格式，存储在哪里，Calcite 都可以与之对接。我们可以利用它提供的接口，轻松连接第三方数据源，构建元数据信息，下推算子至具体的数据源，建立数据源的统计信息。

目前 Calcite 官方已经提供了多个数据源的适配器，包括 Redis、MongoDB[1]、Elasticsearch[2]等。因此本章将以非关系数据库 Redis 和关系数据库 PostgreSQL 为例介绍如何利用 Calcite连接第三方数据源。

## 9.1　Redis

Redis 是一个用 C 语言编写的开源数据库，是支持网络、可基于内存亦可持久化的日志型、键值数据库，并支持多种语言。与传统数据库最大的区别就是 Redis 将数据保存在内存中，省去了 I/O 的过程，读写速度非常快。它支持诸如字符串（String）、散列表（Hash Table）、列表（List）、集合（Set）、带有范围查询的排序集合（Sorted Set）、位图（Bitmap）、HyperLogLog、带有半径查询的地理空间索引和流等数据结构，同时支持数据磁盘持久化，主从复制的特性支持也保证了持久性和高可用性。因此在很多场景下，Redis 通常会被用作缓存。图 9-1 展示了 Redis 及其内部结构。

但是 Redis 的访问方式比较特别，无法使用标准的 SQL 方式进行查询，这在一定程度上提高了使用者的学习门槛。Calcite 可以解决这个问题，它提供的 Redis 适配器可以实现使用SQL 语句去查询 Redis 中存储的数据，还可以将 Redis 中的数据和其他数据源做 Join 等关联操作。

---

1　MongoDB：一种基于分布式文件存储的数据库。

2　Elasticsearch：一种基于 Lucene 的分布式多用户全文搜索引擎。

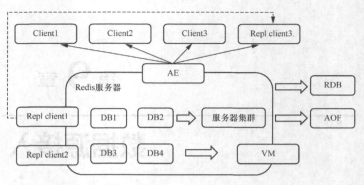

图 9-1　Redis 及其内部结构

在具体实现中,这个过程主要分为 4 步。

(1)构建数据源的 model.json 文件,在该文件中定义 SchemaFactory 类。

(2)构建数据源的 Schema,定义数据源的基本信息。

(3)定义数据源的表,指明需要返回的列名称和列字段。

(4)定义迭代器,该迭代器将返回最终的数据。

接下来对这个过程进行详细介绍。

## 9.1.1　配置 model.json 文件

对于新增的数据源,Calcite 内部并不知道该数据源的数据结构。因此第一步我们需要让 Calcite "知道"对应数据源的数据结构。

这里我们需要在 model.json 文件中定义 Redis 的 Schema 信息,同样我们也需要定义读取对应 Schema 信息的工厂类——RedisSchemaFactory,如代码清单 9-1 所示。

代码清单 9-1　定义 Redis 数据源

```
"schemas": [
    {
        "type": "custom",
        "name": "foodmart",
        "factory": "org.apache.calcite.adapter.redis.RedisSchemaFactory",
        "operand": {
            "host": "localhost",
            "port": 6379,
            "database": 0,
            "password": ""
        },
    },
```

## 9.1.2  配置 Schema 信息

在代码内部读取上述配置文件的工作由对应的 Schema 工厂类来完成，这里我们用到的类是 RedisSchemaFactory。它需要实现 SchemaFactory 类及其唯一的 create 方法，需要通过该方法来创建属于 Redis 的 Schema 具体实现，如代码清单 9-2 所示，最终返回的便是属于 Redis 的 Schema 类。

**代码清单 9-2  获取 Redis 元数据的方法**

```
// 获取所有表信息
List<Map<String, Object>> tables = (List) operand.get("tables");
// 获取主机信息
String host = operand.get("host").toString();
// 获取端口信息
int port = (int) operand.get("port");
// 获取数据库信息
int database = Integer.parseInt(operand.get("database").toString());
// 获取密码信息
String password =
    operand.get("password") == null ? null : operand.get("password").toString();
// 封装并返回 RedisSchema 对象
return new RedisSchema(host, port, database, password, tables);
```

通常在 Schema 中会定义端口号、密码、连接地址、数据库等信息。这些信息都是连接外部数据源的重要信息。除此以外，我们还需要实现一个重要的方法 getTableMap。这个方法的返回值是映射关系（Map），它的键为表名，值为 Redis 表元数据信息。所有 Redis 需要读取的表都需要保存在该 Map 中供后续使用。获取相关表元数据的方法如代码清单 9-3 所示。

**代码清单 9-3  获取相关表元数据的方法**

```
/**
 * 获取表元数据的映射关系
 */
@Override
protected Map<String, Table> getTableMap() {
    JsonCustomTable[] jsonCustomTables = new JsonCustomTable[tables.size()];
    // 获取所有表名的集合
    Set<String> tableNames =
        Arrays.stream(tables.toArray(jsonCustomTables))
            .map(e -> e.name).collect(Collectors.toSet());

    // 构造表名、表元数据的映射关系
    tableMap = Maps.asMap(
        ImmutableSet.copyOf(tableNames),
```

```
        CacheBuilder.newBuilder()
            .build(CacheLoader.from(this::table)));
    return tableMap;
}

/**
 * 通过表名获取表元数据信息
 */
private Table table(String tableName) {
    RedisConfig redisConfig = new RedisConfig(host, port, database, password);
    return RedisTable.create(RedisSchema.this, tableName, redisConfig, null);
}
```

## 9.1.3 定义表元数据

接下来我们需要定义 Redis 的表元数据。这里我们用 RedisTable 类对相关信息进行封装，需要继承 Calcite 内部的 Table 接口。其中，我们需要重写几个重要的方法。

首先是 getRowType 方法，该方法用于定义最终查询出的列名称和类型，names 和 types 便是封装了该表列名称和类型的列表。通过调用 createStructType 方法构建 RelDataType。具体实现方式如代码清单 9-4 所示。

**代码清单 9-4　getRowType 方法**

```
/**
 * getRowType 方法
 */
@Override
public RelDataType getRowType(RelDataTypeFactory typeFactory) {
    // 判断数据类型是否为空
    if (protoRowType != null) {
        return protoRowType.apply(typeFactory);
    }
    final List<RelDataType> types = new ArrayList<RelDataType>(allFields.size());
    final List<String> names = new ArrayList<String>(allFields.size());

    // 遍历所有字段的信息，对每一个数据类型进行转换
    for (Object key : allFields.keySet()) {
        final RelDataType type = typeFactory.createJavaType(allFields.get(key).getClass());
        names.add(key.toString());
        types.add(type);
    }

    // 最终对上述整理过的数据类型进行组装并回传
    return typeFactory.createStructType(Pair.zip(names, types));
}
```

其次是 scan 方法，该方法用于返回一个迭代器，该迭代器内部封装了所有返回的数据。每调用一次 next 方法便会返回一行数据。这也是火山模型中数据调用方式的体现。构造迭代器的代码实现如代码清单 9-5 所示。

**代码清单 9-5　构造迭代器的代码实现**

```
/**
 * 组装 Enumerator
 */
@Override
public Enumerable<@Nullable Object[]> scan(DataContext root) {
    return new AbstractEnumerable<Object[]>() {
        @Override public Enumerator<Object[]> enumerator() {
            return new RedisEnumerator(redisConfig, schema, tableName);
        }
    };
}
```

## 9.1.4　定义迭代器

最后我们需要定义返回数据的迭代器。这里我们需要实现 Enumerator 接口，用于返回数据。这里提供了 4 个主要的方法：close、moveNext、current、reset。

（1）close：该方法用于关闭迭代器和相关资源。该方法属于幂等操作[1]，不论调用几次结果都是相同的。

（2）moveNext：该方法用于判断是否还有下一个元素，如果有则返回 true，否则返回 false。创建完迭代器之后或者调用完 reset 方法之后，指针指向的便是第一个元素之前的位置而不是第一个元素。因此执行的时候最先调用的便是 moveNext 方法，用于移动指针到第一个元素。当指针移动到末尾之后便会返回 false。

（3）current：moveNext 方法会判断是否还有下一个元素，并移动指针。current 方法便是返回当前指针指向的值。因此一般调用的顺序是在创建完迭代器之后使用 moveNext 方法后移指针，之后使用 current 方法返回当前指针指向的值。

（4）reset：该方法用于重置迭代器的指针，将其指向第一个元素之前的位置。使用的时候需要考虑该迭代器是否支持重置，如果不支持则需要考虑抛出异常。

图 9-2 展示了迭代器的工作原理。

---

[1]　幂等操作：这是数学和计算机领域的概念，它指的是能够保证任何次数的重复操作的影响都与一次操作的影响相同。

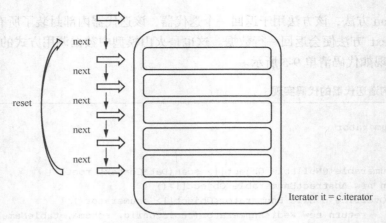

图 9-2 迭代器工作原理示意

Enumerator 的具体实现如代码清单 9-6 所示。

**代码清单 9-6　Enumerator 的具体实现**

```
/**
 * Enumerator 的具体实现
 */
RedisEnumerator(RedisConfig redisConfig, RedisSchema schema, String tableName) {
    // 获取 Redis 表的元数据信息
    RedisTableFieldInfo tableFieldInfo = schema.getTableFieldInfo(tableName);
    // 获取 Redis 管理者对象
    RedisJedisManager redisManager = new RedisJedisManager(redisConfig.getHost(),
        redisConfig.getPort(), redisConfig.getDatabase(), redisConfig.getPassword());
    try (Jedis jedis = redisManager.getResource()) {
        if (StringUtils.isNotEmpty(redisConfig.getPassword())) {
            jedis.auth(redisConfig.getPassword());
        }
        RedisDataProcess dataProcess = new RedisDataProcess(jedis, tableFieldInfo);
        List<Object[]> objs = dataProcess.read();
        // 使用 Linq4j 的接口将这些元素封装成迭代器
        enumerator = Linq4j.enumerator(objs);
    }
}

// 获取指针指向的当前元素
@Override
public Object[] current() {
    return enumerator.current();
}
// 指针移向下一位
@Override
public boolean moveNext() {
    return enumerator.moveNext();
}
// 重置迭代器
@Override
public void reset() {
```

```
        enumerator.reset();
}
// 关闭迭代器
@Override
public void close() {
        enumerator.close();
}
```

Redis 构建的只是简单的数据源，它只支持简单查询，并不支持过滤、聚合这些复杂的数据操作，因此在这里我们也并没有针对性地制定任何优化规则。如果数据源支持过滤或者聚合这类操作，完全可以把这部分计算交给数据源而不是 Calcite。但是对于很多数据源，它们往往自身就有很强的数据处理能力，如果想要更好地利用这些数据源的能力，就需要将一些算子下推到数据源。这个过程我们会在接下来的 PostgreSQL 数据源的对接中进行讲解。

# 9.2　PostgreSQL

PostgreSQL（简称 PG）是非常典型的对象-关系数据管理系统，它由美国加州大学计算机系开发。图 9-3 展示了 PostgreSQL 的 Logo。PostgreSQL 可以支持大部分 SQL 标准，同时提供了很多其他的特性，例如复杂查询、外键、触发器、视图、事务完整性、多版本并发控制等。

图 9-3　PostgreSQL 的 Logo

同样，PostgreSQL 也可以用许多方法扩展，例如增加新的数据类型、函数、操作符、聚集函数、索引方法、过程语言等。由于开源许可的关系，任何人都可以以任何目的免费使用、修改和分发 PostgreSQL。相比于 MySQL，PostgreSQL 支持更复杂的数据类型，如 Array、JSON、空间地理信息的存储等。同时 PostgreSQL 对索引的支持更完善（支持不同类型的索引），对集群的扩展也有成熟的解决方案。

正如前文所述，对于自身有数据处理能力的数据源，Calcite 可以通过算子下推等方式，将对应的查询逻辑交给底层的数据源来执行。PostgreSQL 就是这样的一个典型案例，我们可以通过对查询优化规则的设定，以最大程度来调用 PostgreSQL 本身的能力。

在此处，由于对于数据模型信息、Schema 工厂类的定义与前文大体一致，因此本节将重点放在了如何在 Calcite 中为 PostgreSQL 设定优化规则上，主要分为两个步骤：构建元数据和自定义优化规则。最后我们会用一个示例来讲解整个执行过程。

## 9.2.1 构建元数据

构建元数据也需要先在 model.json 文件中定义 SchemaFactory 类，之后定义数据源的 Schema。在构建数据源的表的时候 Redis 实现的是 ScannableTable 接口，但其实 Calcite 还提供了两个接口——FilterableTable 和 TranslatableTable。

ScannableTable：该接口很简单，在查询数据的时候不会产生任何中间表达式，而是把全部数据放到内存做计算。Redis 数据源便使用的是实现 scan 方法，该方法会返回迭代器通过调用 next 方法一行一行地获取全部数据。

FilterableTable：根据拿到的过滤条件对查询的数据做一步的过滤，也就是说拿到过滤条件后在数据源就对数据做过滤，返回的迭代器便是过滤后的数据。因此需要实现该接口中的 scan 方法，其内部定义如代码清单 9-7 所示。

**代码清单 9-7　FilterableTable 接口内部定义**

```
public interface FilterableTable extends Table {
    Enumerable<Object[]> scan(DataContext root, List<RexNode> filters);
}
```

相比于 ScannableTable 接口中的 scan 方法，该方法多了一个 filters 参数。如果用户添加的数据源可以支持过滤条件，则将其从 filters 列表中移除，否则留在 filters 列表当中交由 Calcite 处理。这样一来便可以大大提高查询的效率，使得一部分数据提前过滤出去。

TranslatableTable：对于有些查询我们可以做更多的操作，聚合、排序、投影等操作都可以下推至数据源完成。因此我们可以实现 TranslatableTable 自定义算子的下推。该接口需要实现 toRel 方法，该方法会把 TableScan 转换成我们自定义的 Scan 算子。之后在此基础上创建自己注册的规则和 RelNode，例如 Filter 算子、Sort 算子等。该接口具有更加强大的功能，其内部定义如代码清单 9-8 所示。

**代码清单 9-8　TranslatableTable 接口内部定义**

```
public interface TranslatableTable extends Table {
    RelNode toRel(
        RelOptTable.ToRelContext context,
        RelOptTable relOptTable);
}
```

通过上述介绍，显然 PostgreSQL 更适合 TranslatableTable 接口，因为 PostgreSQL 几乎可以实现任何 SQL 语句的查询功能。因此完全可以将投影、排序、过滤、聚合等操作全部下推至数据源。所以我们现在要做的是获取每个下推算子节点的内容之后，将下推内容拼成一条完整的 SQL 语句并交给 PostgreSQL 处理。因此 PostgreSqlTable 中继承 TranslatableTable 并实现相应接口。在 toRel 方法中返回 PostgreSqlTableScan 而不是看到的 LogicalTableScan，如代码清单 9-9 所示。

**代码清单 9-9　PostgreSqlTable 的实现方式**

```
public class PostgreSqlTable extends AbstractQueryableTable implements TranslatableTable {
    @Override
    public RelNode toRel(RelOptTable.ToRelContext context, RelOptTable relOptTable){
        final RelOptCluster cluster = context.getCluster();
        return new PostgreSqlTableScan(this, null, cluster,
                cluster.traitSetOf(IPostgreSqlRel.CONVENTION), relOptTable);
    }
}
```

IPostgreSqlRel 的内部类用来记录每个下推算子的内容。可以看到每个列表的泛型都是 String 类型，这是为了后续拼接 SQL 语句的时候更方便。

## 9.2.2　自定义优化规则

那么问题来了，如何才能获取我们需要的信息并将其转换为字符串呢？通过前文我们知道算子树其实就是由一个个的 RelNode 组成的，如果我们可以拿到 RelNode 然后获取 RelNode 内部的信息，就可以处理内部信息并将处理好的内部信息保存至我们定义好的集合当中。因此需要自定义优化规则，把 RelNode 转换为自定义的 RelNode。这里以自定义 Limit 规则为例，代码实现如代码清单 9-10 所示。

**代码清单 9-10　Limit 下推规则定义**

```
public static class LimitRule extends RelRule<LimitRule.Config> {
    protected LimitRule(Config config) {
        super(config);
    }
    //将算子转换为自定义的算子
    public RelNode convert(EnumerableLimit limit) {
        final RelTraitSet traitSet =
                limit.getTraitSet().replace(IPostgreSqlRel.CONVENTION);
        return new PostgreSqlLimit(limit.getCluster(), traitSet,
                convert(limit.getInput(), IPostgreSqlRel.CONVENTION), limit.offset,
                        limit.fetch);
    }
    @Override
    public void onMatch(RelOptRuleCall call) {
        final EnumerableLimit limit = call.rel(0);
```

```
            final RelNode converted = convert(limit);
            if (converted != null) {
                call.transformTo(converted);
            }
        }
    }
    // 规则配置文件
    public interface Config extends RelRule.Config {
        Config DEFAULT = EMPTY
                .withOperandSupplier(b0 ->
                        b0.operand(EnumerableLimit.class).anyInputs())
                .as(Config.class);
        @Override
        default LimitRule toRule() {
            return new LimitRule(this);
        }
    }
}
```

这里配置很简单，只要遇到 EnumerableLimit 算子，就认为该规则可以匹配，通过 convert 方法把 Limit 算子转换为自定义的 PostgreSqlLimit 算子。通过 PostgreSqlLimit 类中实现接口的 implement 方法，如代码清单 9-11 所示，便可以将数据保存至 Implementor 当中。

**代码清单 9-11　implement 方法定义**

```
public void implement(Implementor implementor) {

    implementor.visitChild(0, getInput());

    if (offset != null) {
        implementor.offset = RexLiteral.intValue(offset);
    }

    if (fetch != null) {
        implementor.fetch = RexLiteral.intValue(fetch);
    }
}
```

当 Implementor 的所有属性填充完毕之后，便会调用 PostgreSqlQueryable 的 query 方法，将其当成一张表去查询，该方法的参数便是我们获取的所有算子转换为字符串的结果，通过将字符串拼接成一条完整的 SQL 语句去查询。最终返回的迭代器中封装了一行一行查询出来的数据。query 方法实现如代码清单 9-12 所示。

**代码清单 9-12　query 方法实现**

```
/**
 * 定义 query 方法
 */
public Enumerable<Object> query(List<Map.Entry<String, Class<?>>> fields,
```

```
                            List<Map.Entry<String, String>> selectFields,
                            Integer offset,
                            Integer fetch,
                            List<String> aggregate,
                            List<String> group,
                            List<String> predicates,
                            List<String> order) {
    // 拼接 SQL 语句
    final StringBuilder sql = new StringBuilder();
    String fieldSql = fields.stream().map(Map.Entry::getKey).collect(Collectors.
            joining(","));
    final List<String> orderSql =
            order.stream().map(s -> s.split(" ")).map(item -> item[0] + " " + item[1]).
                    collect(Collectors.toList());
    sql.append("SELECT ").append(fieldSql).append(" FROM ").append(tableName);
    if (predicates.size() > 0)
        sql.append(" WHERE ").append(predicates.get(0));
    if (group.size() > 0)
        sql.append(" GROUP BY ").append(String.join(",", group));
    if (order.size() > 0)
        sql.append(" ORDER BY ").append(String.join(",", orderSql));
    if (fetch >= 0)
        sql.append(" LIMIT ").append(fetch);
    return new AbstractEnumerable<Object>() {
        @Override
        public Enumerator<Object> enumerator() {
            try {
                // 获取 PostgreSql 连接驱动
                Class.forName("org.postgresql.Driver");
                final Connection conn =
                        DriverManager.getConnection(info.getUrl(), info.getUser(),
                                info.getPassword());
                final Statement stmt = conn.createStatement();
                final ResultSet rs = stmt.executeQuery(sql.toString());
                return new PostgreSqlEnumerator(rs, fields);
            } catch (ClassNotFoundException | SQLException e) {
                throw new RuntimeException(e);
            }
        }
    };
}
```

## 9.2.3　整体流程

　　前文讲述了如何利用 TranslatableTable 去实现更细粒度的算子下推，本小节会对具体的调用流程进行详细讲解。如代码清单 9-13 所示，以下流程会以该 SQL 语句作为示例。

**代码清单 9-13　示例 SQL 语句**

```
select code from PG.films where code ='movie' limit 2
```

所有流程都是从 CalcitePrepareImpl 类开始的，在该类的 prepare2 方法中对 SQL 语句进行解析、校验、优化、执行。其中会调用 prepareSql 方法返回生成的物理执行计划。因此 prepareSql 方法便是调用的核心，如代码清单 9-14 所示。

**代码清单 9-14　准备阶段的调用入口**

```
preparedResult =
    preparingStmt.prepareSql(sqlNode, Object.class, validator, true);
```

进入该方法后可以看到其中一个步骤是将 sqlQuery 也就是 SqlNode 转化为 RelNode，为接下来的优化做准备。如代码清单 9-15 所示，通过 convertQuery 方法可以构造出 RelNode 树，最后返回的 RelRoot 是这棵树的根节点。

**代码清单 9-15　获取转换后的根节点**

```
RelRoot root =
    sqlToRelConverter.convertQuery(sqlQuery, needsValidation, true);
```

接着，Calcite 会对该根节点进行优化，返回的根节点便是优化后的逻辑计划根节点。在这里可以利用 RelOptUtil 类的 toString 方法，直接输出优化后的逻辑计划，如代码清单 9-16 所示。

**代码清单 9-16　优化查询计划**

```
root = optimize(root, getMaterializations(), getLattices());

以下是输出的逻辑计划
/*
PostgreSqlToEnumerableConverter
    PostgreSqlLimit(fetch=[2])
        PostgreSqlFilter(condition=[=($0, 'movie')])
            PostgreSqlTableScan(table=[[PG, FILMS]])
*/
```

该逻辑计划的根节点是 PostgreSqlToEnumerableConverter 算子，该算子以下都是我们自己定义的可以下推的 RelNode，其以上都是无法下推的 RelNode。由于该 SQL 语句所有的节点都可以下推至数据源，因此 PostgreSqlToEnumerableConverter 上面没有其他算子。希望读者记住该逻辑计划，后续操作都是基于该逻辑计划执行的。在 prepareSql 方法的最后会调用 implement 方法以返回物理执行计划，如代码清单 9-17 所示。

**代码清单 9-17　返回物理执行计划**

```
return implement(root);
```

在该方法内部首先定义了 Bindable 对象，该对象会保存许多执行语句，这些执行语句会通过 Janino（一种轻量级的 Java 代码编译器，9.3 节会介绍）运行时编译并执行，也就是说执行代码会通过运行时动态地生成，并不是一开始就确定的。通过执行这些语句最终会返回封装了数据的迭代器，如代码清单 9-18 所示。

**代码清单 9-18　implement 方法内部实现**

```
@Override
protected PreparedResult implement(RelRoot root) {
    Hook.PLAN_BEFORE_IMPLEMENTATION.run(root);
    RelDataType resultType = root.rel.getRowType();
    boolean isDml = root.kind.belongsTo(SqlKind.DML);
    final Bindable bindable;
    if (resultConvention == BindableConvention.INSTANCE) {
        bindable = Interpreters.bindable(root.rel);
    } else {
    //enumerable 便是 PostgreSqlToEnumerableConverter
    EnumerableRel enumerable = (EnumerableRel) root.rel;
    //省略中间部分代码
    ............
    bindable = EnumerableInterpretable.toBindable(internalParameters,
            context.spark(), enumerable, prefer);
    }
}
```

具体的优化执行逻辑被封装在 toBindable 方法内，如代码清单 9-19 所示。

**代码清单 9-19　具体的优化执行逻辑**

```
EnumerableRelImplementor relImplementor =
        new EnumerableRelImplementor(
                rel.getCluster().getRexBuilder(), parameters);
final ClassDeclaration expr = relImplementor.implementRoot(rel, prefer);
String s = Expressions.toString(expr.memberDeclarations, "\n", false);
try {
    if (spark != null && spark.enabled()) {
        return spark.compile(expr, s);
    } else {
        return getBindable(expr, s, rel.getRowType().getFieldCount());
    }
} catch (Exception e) {
    throw Helper.INSTANCE.wrap("Error while compiling generated Java code:\n" + s, e);
}
```

粗略一看可以发现几个关键词，即 Expressions.toString、compile、getBindable。从这几个关键词大致可以猜到该方法会把优化后的逻辑计划转化为字符串，然后判断是否开启了 Spark 作为执行器，如果开启则用 Spark 去编译并执行这段字符串，否则则用 Calcite 来执行。如何才能将逻辑计划转化为字符串？这个字符串又是什么样子的？关键就在于 implementRoot 方法。

在 implementRoot 方法内部调用 rootRel 的 implement 方法，此处的 rootRel 是逻辑计划

的根节点，也就是 PostgreSqlToEnumerableConverter 算子。PostgreSqlToEnumerableConverter
类的 implement 方法会继续调用其 visitChild 方法访问其子节点，而子节点又会访问下面的
子节点，如此递归下去，如代码清单 9-20 所示。

**代码清单 9-20　递归调用访问子节点**

```
@Override
public Result implement(EnumerableRelImplementor implementor, Prefer pref) {
    final BlockBuilder list = new BlockBuilder();
    final IPostgreSqlRel.Implementor pgImplementor = new IPostgreSqlRel.Implementor();
    pgImplementor.visitChild(0, getInput());
```

图 9-4 为 PostgreSQL 算子调用示意。

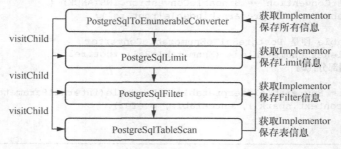

图 9-4　PostgreSQL 算子调用示意

通过调用每个算子的 implement 方法访问其逻辑计划的下一个子节点。当访问到叶子节
点的时候便会记录当前需要查询的表详细信息，如代码清单 9-21 所示。

**代码清单 9-21　implement 方法**

```
@Override
public void implement(Implementor implementor) {
    implementor.postgreSqlTable = postgreSqlTable;
    implementor.table = table;
}
```

之后便会一层层向上回溯，回溯的过程中每个算子的信息都会保存在 Implementor 当中，
递归结束后便会回到 PostgreSqlToEnumerableConverter 继续向下执行。如图 9-4 所示，每个
节点的信息都保存在了 Implementor 之中。

拿到所有节点信息之后，利用 Linq4j 生成表达式。Linq4j 会将调用过程生成一个一个的
表达式。具体如代码清单 9-22 所示。

**代码清单 9-22　生成 Linq4j 表达式的逻辑**

```
// 获取表相关的信息
final Expression table =
```

```
                list.append("TABLE", pgImplementor.table.getExpression(PostgreSqlQueryable.class));
// 获取 SELECT 子句的信息
final Expression selectFields =
        list.append("SELECT_FIELDS", constantArrayList(selectList, Pair.class));
// 获取谓词信息
final Expression predicates =
        list.append("PREDICATES",
                        constantArrayList(pgImplementor.whereClause,String.class));
// 获取偏移量信息
final Expression offset =
        list.append("OFFSET", Expressions.constant(pgImplementor.offset));
// 获取 Limit 相关信息
final Expression fetch =
        list.append("FETCH", Expressions.constant(pgImplementor.fetch));
// 获取排序信息
final Expression order =
        list.append("ORDER", constantArrayList(pgImplementor.order, String.class));
// 获取聚合分析信息
final Expression aggregate =
        list.append("AGGREGATE", constantArrayList(pgImplementor.agg, String.class));
// 获取分组信息
final Expression group =
        list.append("GROUP", constantArrayList(pgImplementor.group, String.class));
final Expression enumerable =
        list.append("ENUMERABLE",
                Expressions.call(table,PostgreSqlMethod.PGMethod_QUERYABLE_QUERY.method,
                                fields, selectFields, offset, fetch, aggregate, group,
                                predicates, order));
```

从 Implementor 中取出每一个算子的信息，通过 Linq4j 生成表达式。例如，Filter 算子生成的表达式如代码清单 9-23 所示。该表达式的作用很简单，就是生成了一个构建列表的代码，而列表里面存放的就是过滤的条件。

**代码清单 9-23　获取谓词信息**

```
// 获取谓词信息
final Expression predicates = list.append("PREDICATES", constantArrayList
        (pgImplementor.whereClause, String.class));
```

生成这些表达式最终都是为了最后可以调用之前定义的 query 方法。因此表达式的最后还会生成一个查询表的表达式，query 方法的参数便是之前获得的所有算子信息，如代码清单 9-24 所示。

**代码清单 9-24　将查询信息封装到 query 方法内部**

```
final Expression enumerable =
        list.append("ENUMERABLE", Expressions.call(table, PostgreSqlMethod.PGMethod_
        QUERYABLE_QUERY.method,
            fields, selectFields, offset, fetch, aggregate, group, predicates, order));
        list.add(Expressions.return_(null, enumerable));
```

看一下最终生成的表达式，该表达式中会调用 queryable 中的 query 方法，该方法会返回封装了数据的迭代器。该表达式会转换成字符串交给 Janino，在内存中实时编译并执行，如代码清单 9-25 所示。

**代码清单 9-25　最终的返回值**

```
return ((PostgreSqlQueryable)Schemas.queryable(root,
        root.getRootSchema().getSubSchema("PG"),
        Type.class,
        "FILMS"))
    .query(Arrays.asList(
        new Pair[] {new Pair("code", String.class)}),
        Arrays.asList(new Pair[] {}), 0, 2, ORDER, ORDER,
        Arrays.asList(new String[] {"code = _ISO-8859-1'movie'"}), ORDER);
```

以上便是自定义算子并下推至数据源的整体执行流程。从 CalcitePrepareImpl 开始进行 SQL 语句的解析和校验，之后在 prepareSql 方法中将 SqlNode 转化为 RelNode 并进行优化，根据优化后的逻辑计划调用 toBindable 方法，从根节点开始调用每一个算子的 implement 方法，将每一个算子的信息保存下来。最终根据上述节点信息生成表达式并利用代码生成技术调用 query 方法返回迭代器。

## 9.3　Janino 介绍

前文介绍到在最终执行时用到了 Janino 编译器，这是一个轻量级的 Java 代码编译器，在内存管理和执行速度方面都非常出色。它不仅支持对文件的编译，还可以对表达式、代码块、类中的文本或者内存中的源文件进行编译，然后将编译以后的字节码文件加载到 JVM（Java Virtual Machine，Java 虚拟机）中运行。

Janino 还有一大特点，就是它本身是一个嵌入式的编译器，可以在运行时对代码进行动态编译，这种编译方式是与传统先编译后运行的方式完全不同的，能够使编译行为更加灵活。代码清单 9-26 所示为基于 Janino 利用动态代码生成的方式来输出“hello world”的示例。

**代码清单 9-26　Janino 测试代码**

```
/**
 * Janino 测试代码
 */
public class JaninoTest {
    public interface Hello {
        String say();
    }

    public static void main(String[] args) throws Exception {
        Hello hello =
            (Hello) ClassBodyEvaluator.createFastClassBodyEvaluator(
                new Scanner("test",
                    new StringReader(
                        "public String say() { return \"hello world\"; }")),
                    Hello.class,
                    JaninoTest.class.getClassLoader());
        // 输出该方法的结果
        System.out.println("JaninoTest " + hello.say());
    }

}
```

在 Calcite 中，也使用了类似的方式，但是会配置更多的参数，更为复杂。如代码清单 9-27 所示，在 Calcite 中设置了类的名称，指定了父类，根据字段个数选择了需要实现的接口，最后通过 createInstance 方法返回 Bindable 实例。

**代码清单 9-27　封装查询信息并返回实例化对象**

```
cbe.setClassName(expr.name);
cbe.setExtendedClass(Utilities.class);
cbe.setImplementedInterfaces(
    // 此处用三目运算符来判断用到的是单步操作还是组合操作
    fieldCount == 1
        ? new Class[] {Bindable.class, Typed.class}
        : new Class[] {ArrayBindable.class});
cbe.setParentClassLoader(EnumerableInterpretable.class.getClassLoader());
return (Bindable) cbe.createInstance(new StringReader(s));
```

经过上述操作之后通过代码生成的方式最终动态生成的代码如代码清单 9-28 所示。

**代码清单 9-28　最终动态生成的代码**

```
public class Baz extends Utilities implements Bindable{
    //Bindable 接口的 bind 方法的实现
    public Enumerable bind(final DataContext root) {
        final List ORDER = Arrays.asList(new String[]{});
        return ((PostgreSqlQueryable) Schemas.queryable(root,
            root.getRootSchema().getSubSchema("PG"),
```

```
               Type.class,
               "FILMS")).query(Arrays.asList(new Pair[]{
                       new Pair("code", String.class)}),
               Arrays.asList(new Pair[]{}),
               0, 2, ORDER, ORDER,
               Arrays.asList( new String[]{"code = _ISO-8859-1'movie'"}),
               ORDER);
       }

       //最终结果类型
       public Class getElementType() {
           return java.lang.String.class;
       }
   }
```

# 9.4　本章小结

　　本章主要介绍了如何将自定义数据源 Redis 和 PostgreSQL 接入 Calcite 当中。针对两种数据源的特性，介绍的侧重点各有不同。由于 Redis 本身处理查询和分析的能力比较弱，因此在介绍 Redis 的接入时，主要讲解了整体的流程，对优化规则的定义并未展开。而 PostgreSQL 本身就有比较强的查询和分析数据的能力，因此这一部分重点在优化规则的定义上。最后还对 Calcite 最终执行所用到的 Janino 动态编译器进行了介绍，这也是很多数据库执行操作的通用方法。接下来我们会对 Calcite 内部的其他扩展功能进行介绍。

第 **10** 章

# SQL 函数扩展

SQL 除了基本的增删改查功能，同样可以使用 SQL 函数扩展功能来进行一些更加复杂的操作。这些扩展功能主要体现在用户的使用过程中，需要对一些函数进行自定义，主要分为用户自定义函数（User Defined Function，UDF）、用户自定义聚合函数（User Defined Aggregation Function，UDAF）、用户自定义表函数（User Defined Table Function，UDTF）。本章会对这些扩展功能进行介绍。

## 10.1　UDF

对于数据库来说，最基础的函数定义方式就是 UDF，本节会对这种自定义函数进行介绍。

### 10.1.1　UDF 介绍

我们首先需要了解什么是 UDF。UDF 是这 3 种函数当中最简单的一个，主要针对的是一对一的场景。这时可能就有读者感到疑惑，什么是一对一的场景？一对一其实主要是针对单行的输入、单行的输出。例如我们写一条 SQL 语句，如代码清单 10-1 所示。

代码清单 10-1　示例 SQL 语句

```
SELECT ABS(num) FROM table
```

该数学函数 ABS 的作用很简单，就是将每行输入的 **num** 字段转换为正数再输出。这就是一个典型的一对一的场景。

UDF 在大多数情况下其实并不需要我们自己去实现，Calcite 本身就已经实现了大量的函数供用户使用。我们可以对 Calcite 当中的 UDF 进行分类，大致可以分为字符串函数、数学函数、空间函数、时间函数等。其中普通函数的 UDF 都定义在 SqlFuncitons 中，空间函数定义在 GeoFunctions 中。

## 10.1.2 Calcite 中如何定义 UDF

当内置的函数不能够满足我们需求的时候，用户需要自行实现 UDF 并将其注册到 Calcite 当中。用户实现 UDF 的步骤很简单，下面具体介绍。

#### 1. 编写 UDF 实体逻辑

由于 UDF 的特点是一对一，因此我们在实现 UDF 时需要牢记这一特点，每一行数据都会调用一次 UDF。例如我们现在实现一个简单的函数——截取字符串首字母，如代码清单 10-2 所示。

代码清单 10-2　截取字符串首字母的函数

```
/**
 * 注册 UDF 实体类
 */
public class UDF {
    /**
     * 截取首字母
     * @param str 字符串
     * @return
     */
    public String subString(String str){
        return str.substring(0,1);
    }
}
```

编写 UDF 的代码非常简单，和平常定义在类中的方法体类似，只需要定义传入参数和返回值即可。Java 当中的函数重载（相同的函数名称、不同的参数列表）在 UDF 当中也是支持的，在调用 UDF 的时候可以根据参数列表选择具体的函数实现。然而当参数列表里面许多参数都是可选项的时候，虽然利用函数重载可以做到，但是相对来说会烦琐很多。因此 Calcite 提供了参数的注解，利用注解即可实现可选参数，如代码清单 10-3 所示。该注解有两个参数：第一个参数代表此参数的名称；第二个参数代表是否为可选项，当用户不输入的时候默认为 null。

代码清单 10-3　参数注解

```
@Parameter(name = "N", optional = true)
```

对于上文提到的截取字符串首字母的 UDF，我们再增加一个参数，让用户自定义截取的长度。当然完全可以使用函数重载，但是利用注解的方式会更便捷，如代码清单 10-4 所示。

代码清单 10-4　重载 UDF

```
public String subString2(
        @Parameter(name = "S") String s,
        @Parameter(name = "N", optional = true) Integer n) {
```

```
    return s.substring(0, n == null ? 1 : n);
}
```

在注解中我们定义了两个参数名称——S 和 N（如果用户不设置，默认名称为 arg0、arg1 等），利用该参数名称就可以直接在使用的时候赋值，如代码清单 10-5 所示。

**代码清单 10-5 注解默认值**

```
Select subString2(S=>'abcd',N=>2)
```

### 2. 注册 UDF

在 Calcite 当中注册 UDF 的方式有很多种，这里主要介绍 3 种注册的方式。

（1）利用 Schema 注册，如代码清单 10-6 所示。

**代码清单 10-6 注册 UDF**

```
public class CsvSchemaFactory implements SchemaFactory {
    @Override
    public Schema create(SchemaPlus parentSchema,
                         String name,
                         Map<String, Object> operand) {
        parentSchema.add("EXAMPLE", ScalarFunctionImpl.create(UDF.class,"subString"));
        return new CsvSchema(operand.get("dataFile").toString());
    }
}
```

利用 SchemaPlus 类，你可以把 Schema 理解成元数据信息，我们可以往元数据中添加函数、数据库、表等。因此我们只要把函数注册到 Schema 当中即可，该函数接收两个参数，第一个参数是函数名称，第二个参数是利用 ScalarFunctionImpl 类的 create 方法创建 Linq4j 当中的 Function，因此需要传入具体的类路径和该类中的方法。

（2）利用 model.json 的方式注册，如代码清单 10-7 所示。

**代码清单 10-7 model.json**

```
{
    "version": "1.0",
    "defaultSchema": "CSV",
    "schemas": [{
        "name": "CSV",
        "type": "custom",
        "factory": "csv.CsvSchemaFactory",
        "operand": {
            "dataFile": "data_01.csv,data_02.csv"
        },
```

```
            "functions": [{
                "name": "EXAMPLE",
                "methodName": "subString",
                "className": "csv.udx.UDF"
            }]
        }]
    }
```

该方式其实和上述方式大同小异，在 model.json 中创建的 functions 中也是将具体的类路径和方法名称传入，在一开始读取该文件的时候便可以进行注册。

（3）利用 SQL 的方式注册，此处我们需要指定方法实体类的全路径名称，如代码清单 10-8 所示。

**代码清单 10-8　示例 SQL 语句**

```
final String sql = "create function \"EXAMPLE\"\n as 'csv.udx.UDF'";
```

# 10.2  UDAF

除了前文讲述的普通函数，用户有时候需要自定义一些分析函数，而这个需求可以通过 UDAF 来完成。本节就会对这种函数进行讲解。

## 10.2.1  UDAF 介绍

在 10.1 节中我们提到 UDF 的对应关系是一对一。现在 UDAF 的对应关系则变为多对一，也就是将多行输入转换为一行输出。我们经常使用的聚合函数 SUM、COUNT 都属于 UDAF。例如 COUNT 函数就是将多行作为输入，然后输出这些行的数量。

UDAF 可将一整列的数据全部进行操作后返回一个值。表 10-1 展示了一些常见 UDAF。

表 10-1　常见 UDAF

| 函数名称 | 函数功能描述 |
| --- | --- |
| MAX | 求该列的最大值 |
| SUM | 求该列的总和 |
| COLLECT_LIST | 将该列添加到一个数组 |
| AVG | 求该列的平均值 |

## 10.2.2　Calcite 中如何定义 UDAF

相比于 UDF，UDAF 的编写过程稍微复杂一些，它内部定义了一个累加的过程，需要我们实现 init、add、result 这 3 个方法。接下来我们以 COLLECT_LIST 为例实现一个 UDAF，这个函数的功能是将某列转换成一个数组后返回。

图 10-1 展示了执行 COLLECT_LIST 之前的结果，现在这里有 3 行数据，我们希望将所有的分数汇集成一个数组再返回。

使用 COLLECT_LIST 便可以将该列所有数据汇集成一个数组。图 10-2 展示了执行 COLLECT_LIST 之后的结果。

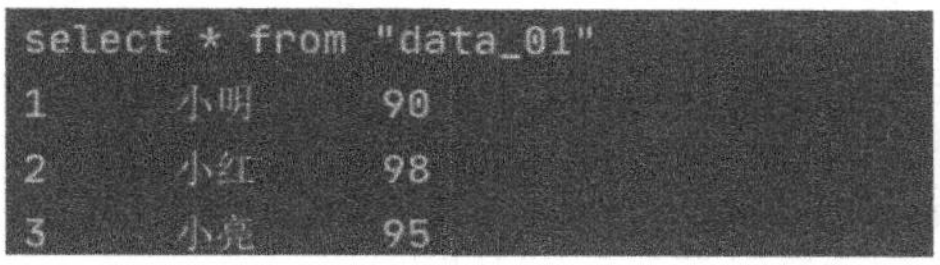

图 10-1　执行 COLLECT_LIST 之前的结果 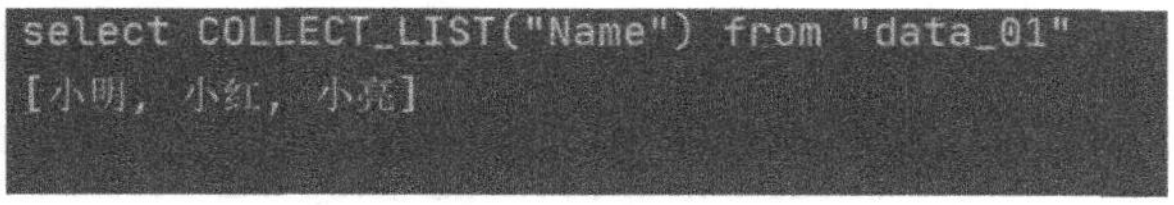　　图 10-2　执行 COLLECT_LIST 之后的结果

接下来就是编写 UDAF 的具体代码实现，如代码清单 10-9 所示，其中主要有 3 个方法。

（1）init：该方法用于初始化数据。由于该 UDAF 需要用一个数组保存该列的所有值，因此这里在 init 方法当中初始化一个 ArrayList。

（2）add：该方法用于叠加数据。由于需要不断地向 List 中添加每列的元素，因此在 add 方法中只要将新的元素添加到 List 当中即可。

（3）result：该方法用于返回最终结果。

**代码清单 10-9　UDAF 的具体代码实现**

```
/**
 * 定义 UDAF 的实体类
 */
public class UDAF {
    // 初始化列表
    public List<Object> init() {
        return new ArrayList<>();
    }
    // 往列表中添加元素
    public List add(List accumulator, Object v) {
        accumulator.add(v);
        return accumulator;
    }
    // 返回结果
    public List result(List accumulator) {
        return accumulator;
```

```
    }
  }
```

注册 UDAF 的方式和注册 UDF 的方式是一样的，只需要在 Schema 当中添加类路径即可，如代码清单 10-10 所示。

**代码清单 10-10　UDAF 的注册**

```
/**
 * 定义 Schema 的工厂类
 */
public class CsvSchemaFactory implements SchemaFactory {
    @Override
    public Schema create(SchemaPlus parentSchema,
                         String name,
                         Map<String, Object> operand) {
        //注册 UDF
        parentSchema.add("EXAMPLE", ScalarFunctionImpl.create(UDF.class,"eval"));
        //注册 UDAF
        parentSchema.add("COLLECT_LIST", AggregateFunctionImpl.create(UDAF.class));
        return new CsvSchema(operand.get("dataFile").toString());
    }
}
```

## 10.3　UDTF

除了上述的 UDF 和 UDAF，UDTF 也是 Calcite 的一个重要扩展功能。本节会对 UDTF 进行详细介绍。

### 10.3.1　UDTF 介绍

UDTF 作为一种函数类型，它的功能主要是将一条记录转化为一张表（也就是一对多的关系）。类似的功能在 Hive 当中也存在。在 Hive 中，UDTF 主要有两种使用方法。

一种使用方法是将 UDTF 放在 SELECT 子句内，作为数据处理过程的一部分。如代码清单 10-11 所示，explode 是一个爆炸函数，会将数组拆解成多个元素并展示出来，但是 Calcite 目前并不支持这种使用方法。

**代码清单 10-11　SQL 语句示例**

```
SELECT
    explode(split(name, ',')) as name
FROM
    demo;
```

另一种使用方法是将 UDTF 放在 FROM 子句内，作为数据源的一部分。这种使用方法更加符合它本身"用户自定义表函数"的含义，因此 Calcite 对这种使用方法是支持的。如代码清单 10-12 所示，同样使用爆炸函数，在 Calcite 中，将一个字符串根据分隔符分为多行数据。

**代码清单 10-12　SQL 语句示例**

```
select
    *
from
    table(EXPLODE('aa,bb', ',')) as t(C);
//执行结果
aa
bb
```

## 10.3.2　Calcite 中如何定义 UDTF

虽然 Calcite 支持了 UDTF 这种机制，但是它并没有现成的 UDTF 可供调用，需要用户自定义相关的 UDTF。由于 UDTF 的限制较多，比如无法支持函数的嵌套、SELECT 子句中不能有其他表达式等。在 Hive 中提供了诸如 explode 的 UDTF，用来将列表拆分为多行数据。

UDTF 的对应关系是一对多，在 Calcite 中会将其当作一张表来看待，所以定义 UDTF 的时候需要返回一张表。与之前一样，我们需要先在 Schema 中添加 UDTF 的元数据结构。代码清单 10-13 展示了 SchemaPlus 部分函数。

**代码清单 10-13　SchemaPlus 方法声明**

```
// 为当前 Schema 添加一个子 Schema.
SchemaPlus add (String name, Schema schema)
// 为当前 Schema 添加一张表
void add (String name, Table table)
// 为当前 Schema 添加函数
void add (String name, Function function)
```

通过对 SchemaPlus 的 add 函数进行重载可以看到，在 Schema 中可以添加函数、表、类型等信息。因此需要传入 Function 类，通过 TableFunctionImpl 构建 tableFunction，如代码清单 10-14 所示。

**代码清单 10-14　构建 tableFunction**

```
parentSchema.add("EXPLODE",TableFunctionImpl.create(UDTF.UDTF_METHOD));
```

该 UDTF 实现了类似 Hive 的 explode 函数的功能。第一步是实现 AbstractQueryableTable 接口的两个方法。getRowType 方法用于返回该 UDTF 计算结果返回的字段和字段类型。asQueryable 方法用于返回该函数执行后的数据，主要是实现返回数据的迭代器，因此它的实现逻辑必须在 current、moveNext 方法中实现，如代码清单 10-15 所示。

**代码清单 10-15  UDTF 类**

```
/**
 * 定义 UDTF 的实体类
 */
public class UDTF {
    /**
     * 定义函数名称
     */
    public static final Method UDTF_METHOD =
            Types.lookupMethod(UDTF.class, "explode", String.class, String.class);
    /**
     * 具体的函数执行逻辑
     */
    public static QueryableTable explode(final String str, final String regex) {
        // 返回可迭代的表信息
        return new AbstractQueryableTable(String.class) {
            // 返回函数执行结果的每一列元数据信息
            public RelDataType getRowType(RelDataTypeFactory typeFactory) {
                Arrays.asList(typeFactory.createJavaType(String.class));
                Arrays.asList("c");
                return typeFactory.createStructType(
                        Arrays.asList(typeFactory.createJavaType(String.class)),
                        Arrays.asList("c"));
            }

            // 将执行结果封装成一个迭代器并返回
            public <T> Queryable<T> asQueryable(QueryProvider queryProvider,
                                SchemaPlus schema, String tableName) {
                BaseQueryable<String> queryable =
                        new BaseQueryable<String>(null, String.class, null) {
                            public Enumerator<String> enumerator() {
                                return new Enumerator<String>() {
                                    int i = -1;
                                    String[] res = null;

                                    // 获取当前元素
                                    public String current() {
                                        return res[i];
                                    }

                                    // 索引下移
                                    public boolean moveNext() {
                                        if (i == -1) {
                                            res = str.split(regex);
                                        }
                                        if (i < res.length - 1) {
                                            i++;
                                            return true;
                                        } else {
                                            return false;
                                        }
```

```
                                              // 重置索引
                                              public void reset() {
                                                  i = -1;
                                              }
                                              // 关闭
                                              public void close() {
                                              }
                                          };
                                      }
                                  };
                          return (Queryable<T>) queryable;
                      }
                  };
              }
```

# 10.4  执行流程

通过前文的介绍，相信读者已经对注册和使用函数有所了解。本节将带读者通过阅读源码了解其整体的执行流程。

一切要从 CalcitePrepareImpl 的 prepare2_方法开始，首先会在解析完 SQL 语句之后创建 Validator，在这里会进行 SQL 校验，如代码清单 10-16 所示。

**代码清单 10-16  SQL 校验**

```
final SqlValidator validator = createSqlValidator(context, catalogReader);
```

在创建 SqlValidator 的时候会调用 SqlStdOperatorTable 的 instance 方法获取 SqlStdOperator-Table 的实例，该实例是一个单例对象，只有在第一次执行时会执行 ReflectiveSqlOperatorTable 的 init 方法（见代码清单 10-17），使用反射的方式获取函数的定义。通过获取 getClass 的方式得到在 SqlOperatorTable 类中声明的所有函数定义，包括函数的名称、函数的返回值、函数的参数列表、函数的参数类型等。

**代码清单 10-17  init 方法**

```
/**
 * init 方法
 */
public final void init() {
    for (Field field : getClass().getFields()) {
        try {
            if (SqlFunction.class.isAssignableFrom(field.getType())) {
                SqlFunction op = (SqlFunction) field.get(this);
```

```
            if (op != null) {
                register(op);
            }
        } else if (
                SqlOperator.class.isAssignableFrom(field.getType())) {
            SqlOperator op = (SqlOperator) field.get(this);
            register(op);
        }
    } catch (IllegalArgumentException | IllegalAccessException e) {
        throw Util.throwAsRuntime(Util.causeOrSelf(e));
    }
    }
}
```

通过上面的方式将所有函数都已经注册完毕了，后续根据用户传进来的 SQL 语句去校验是否存在该 UDF 或者参数是否匹配。SqlUtil 的 lookupSubjectRoutines 方法主要是对我们之前注册的所有函数进行过滤，如代码清单 10-18 所示。首先根据函数名称进行筛选，之后会对参数列表的长度进行筛选，同时会对参数的类型是否匹配进行检查，过滤出类型最为匹配的函数。最后根据是否是相同的 sqlKind 进行最后的过滤。

**代码清单 10-18　lookupSubjectRoutines 方法实现**

```
public static Iterator<SqlOperator> lookupSubjectRoutines(
        SqlOperatorTable opTab, RelDataTypeFactory typeFactory,
        SqlIdentifier funcName, List<RelDataType> argTypes, List<String> argNames,
        SqlSyntax sqlSyntax, SqlKind sqlKind,
        SqlFunctionCategory category, SqlNameMatcher nameMatcher,
        boolean coerce) {
    Iterator<SqlOperator> routines =
            lookupSubjectRoutinesByName(opTab, funcName, sqlSyntax, category,
                    nameMatcher);
    //根据参数个数过滤
    routines = filterRoutinesByParameterCount(routines, argTypes);
    if (category == SqlFunctionCategory.USER_DEFINED_PROCEDURE) {
        return routines;
    }
    //根据参数类型和名称过滤
    routines =
            filterRoutinesByParameterTypeAndName(typeFactory, sqlSyntax, routines,
                    argTypes, argNames, coerce);
    final List<SqlOperator> list = Lists.newArrayList(routines);
    routines = list.iterator();
    if (list.size() < 2 || coerce) {
        return routines;
    }
    // 对每一个参数做最优选择
    routines = filterRoutinesByTypePrecedence(sqlSyntax, typeFactory, routines,
            argTypes, argNames);
```

```
    // 根据 sqlKind 过滤
    return filterOperatorRoutinesByKind(routines, sqlKind);
}
```

经过上述的层层筛选最后会选出我们所使用的函数，如果不存在将抛出异常。

自定义函数的计算逻辑和其他函数的计算逻辑是一样的，都需要根据优化后的逻辑计划映射到代码生成。因此可以定位到代码生成的位置——EnumerableInterpretable 的 toBindable 方法查看其生成的代码是如何调用的。代码清单 10-19 所示是代码生成的获取当前行部分代码，生成的 current 方法便是其核心，每调用一次 current 方法返回一条数据的时候都会通过 SqlFunctions 先将其转化为 int 类型，之后调用 abs 方法取绝对值。生成的代码也印证了前面所说的，函数的实现逻辑都封装在 SqlFuncitons 中。

**代码清单 10-19  代码生成的获取当前行的部分代码**

```
public Object current() {
        return org.apache.calcite.runtime.SqlFunctions.abs(
            org.apache.calcite.runtime.SqlFunctions.toInt(((Object[])
                inputEnumerator.current())[2]));
```

再看一个 UDAF 的例子，在生成 UDAF 的时候逻辑并不像 UDF 那么简单。我们以 COLLECT_LIST 为例看一下 UDAF 生成的代码是什么样子的。以下是部分代码生成的代码，看上去非常多，但是我们仅仅需要关注几个点。在自定义 UDAF 的时候，需要实现 init、add、result 这 3 个方法，这 3 个方法也都在生成的代码中体现了出来，如代码清单 10-20 所示。

**代码清单 10-20  UDAF 的代码生成**

```
public org.apache.calcite.linq4j.Enumerable bind(
        final org.apache.calcite.DataContext root) {
    java.util.List accumulatorAdders = new java.util.LinkedList();
    accumulatorAdders.add(
        new org.apache.calcite.linq4j.function.Function2() {
            public Record3_0 apply(Record3_0 acc, Object[] in) {
                acc.f2 = true;
                //调用 UDAF 定义的 add 方法
                acc.f0 = acc.f1.add(acc.f0, SqlFunctions.toInt(in[2]));
                return acc;
            }
            public Record3_0 apply(Object acc, Object in) {
                return apply(
                        (Record3_0) acc,
                        (Object[]) in);
            }
        }
    );

    AggregateLambdaFactory lambdaFactory =
```

```
            new BasicAggregateLambdaFactory(
                new org.apache.calcite.linq4j.function.Function0() {
                    public Object apply() {
                        java.util.List a0s0;
                        csv.udx.UDAF a0s1;
                        boolean a0s2;
                        a0s2 = false;
                        a0s1 = new csv.udx.UDAF();
                        a0s0 = a0s1.init(); //初始化 UDAF 函数
                        Record3_0 record0;
                        record0 = new Record3_0();
                        record0.f0 = a0s0;
                        record0.f1 = a0s1;
                        record0.f2 = a0s2;
                        return record0;
                    }
                }
                , accumulatorAdders);

    public java.util.List apply (Record3_0 acc){
        //调用 UDAF 定义的 resule 方法
        return acc.f2 ? acc.f1.result(acc.f0) : (java.util.List) null;
    }
    public Object apply (Object acc){
        return apply(
            (Record3_0) acc);
    }
}
```

## 10.5　本章小结

本章主要介绍的是 SQL 函数的扩展功能。Calcite 提供了 UDF、UDAF、UDTF，这些函数使 SQL 的使用更加灵活且 SQL 的功能更加强大。平常使用较多的是 UDF 和 UDAF，例如常见的数学函数、聚合函数等。而 UDTF 相对来说使用比较少。对于如何在 Calcite 当中注册和使用这些函数也在本章中进行了相关介绍，读者可以灵活使用。

# 第**11**章

# 空间数据查询

随着物联网和智慧城市的发展，空间数据变得尤为重要。当前的互联网产品里，或多或少都涉及地图和定位的功能。为了存储和分析这些空间数据，诞生了 PostGIS 这样的空间数据库。

同样，为了支持这种需求，Calcite 在 1.14 版本中开始支持 OGC 规范中的部分空间数据类型和方法。虽然直到现在也没有支持完整的规范，但是常用的操作都已经得到实现。

通过学习本章，读者可以了解到 OGC 中对空间 SQL 的规范定义，Calcite 对这些规范的实现情况，在 Calcite 中如何使用空间查询，以及 Calcite 的实现原理。

## 11.1　OGC 简介

OGC 是一个世界范围的组织，其目的是更好地使用地理空间和定位信息。其较大的贡献是 GIS（Geographical Information System，地理信息系统）相关规范和 API 确定，比如 Web 地图服务（Web Map Service，WMS）、Web 要素服务（Web Feature Service，WFS）、Web 处理服务（Web Processing Service，WPS）等。这些服务包含从传感器采集数据到空间数据模型和编码，以及最后的发布服务和 API。图 11-1 展示了 OGC 规范完整的模块。

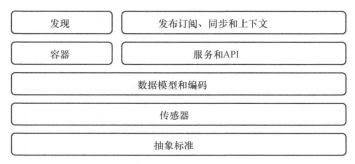

图 11-1　OGC 规范完整的模块

在本章，我们主要关注 Calcite 对 SQL 访问空间数据的规范。除了通过 SQL 语句来访问，我们还可以通过其他方式访问空间数据。例如我们可以通过 HTTP 接口的形式来访问。在数据库"百花齐放"的今天，更加通用的空间 SQL 规范"破土而出"，通过 SQL 的方式来对访问方式进行统一，可以大大降低不同组件和不同厂商之间的协同问题。

## 11.2　空间数据类型

WKT 是用字符串表示空间数据的一种方式，在 OGC 官网中也有详细定义，其格式在规范中比较复杂，但我们常用的点、线、多边形还是很简单的，不考虑坐标系，如代码清单 11-1 所示。

**代码清单 11-1　空间数据类型示例**

```
POINT(-122.349 47.651)
LINESTRING(-122.360 47.656, -122.343 47.656)
POLYGON((-122.358 47.653, -122.348 47.649, -122.348 47.658, -122.358 47.658, -122.358 47.653))
MULTIPOINT(-122.360 47.656, -122.343 47.656)
MULTILINESTRING ((-122.358 47.653, -122.348 47.649, -122.348 47.658), (-122.357 47.654,
                 -122.357 47.657, -122.349 47.657, -122.349 47.650))
MULTIPOLYGON(((-122.358 47.653, -122.348 47.649, -122.358 47.658, -122.358 47.653)),
             ((-122.341 47.656, -122.341 47.661, -122.351 47.661, -122.341 47.656)))
```

最基础的类型是点，由经纬度构成，前面是经度，后面是纬度，中间用空格分隔；线由多个点组成，点之间用逗号分隔；多边形要用 2 个圆括号，特点是首尾是同一个点，这样才能构成一个面，而不是一条线。这 3 种基本类型再加一个 MULTI 就变成了复合类型，原理是一样的。

图 11-2 展示了在 OGC 规范中定义的空间数据类型的继承关系。可以看到，Point、Curve、Surface、GeometryCollection 是 Geometry 的子类，Curve 下再派生出 LineString，Surface 下再派生出 Polygon 和 PolyhedralSurface。GeometryCollection 也有一些相关的子类。

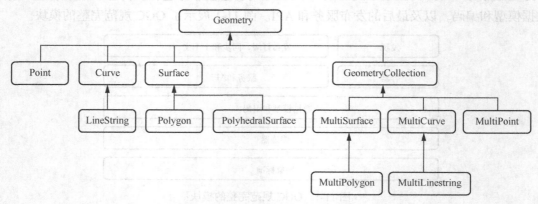

图 11-2　空间数据类型的继承关系

具体每一种空间数据类型的 WKT 示例如表 11-1 所示。

表 11-1 空间数据类型的 WKT 示例

| 数据类型 | 类型编码 | WKT 示例 |
|---|---|---|
| Geometry | 0 | 所有空间数据类型的概括，因此没有具体的 WKT 示例 |
| Point | 1 | 二维空间的示例：POINT(30 10)。<br>三维空间的示例：POINT Z(30 10 2) |
| Curve | 13 | 曲线，示例见 LineString |
| LineString | 2 | LINESTRING(30 10, 10 30, 40 40) |
| Surface | 14 | 曲面，示例见 Polygon |
| Polygon | 3 | 简单多边形的示例：POLYGON(30 10, 40 40, 20 40, 10 20, 30 10)。<br>带一个洞的多边形示例：POLYGON ((35 10, 45 45, 15 40, 10 20, 35 10)，(20 30, 35 35, 30 20, 20 30)) |
| PolyhedralSurface | 15 | 组合面包括多个多边形或者面，多个面存在公共边界 |
| GeometryCollection | 7 | 不同空间数据类型的集合，抽象存在 |
| MultiPoint | 4 | MULTIPOINT (10 40, 40 30, 20 20, 30 10) |
| MultiCurve | — | 多曲线集合 |
| MultiLinestring | 5 | MULTILINESTRING ((10 10, 20 20, 10 40)，(40 40, 30 30, 40 20, 30 10)) |
| MultiSurface | — | 多曲面集合 |
| MultiPolygon | 6 | MULTIPOLYGON (((30 20, 45 40, 10 40, 30 20)), ((15 5, 40 10, 10 20, 5 10, 15 5))) |

举个简单的例子，在地球上，一个人的位置可以表示为一个点，一条河流可以表示为一条线，一栋大楼的轮廓可以表示为一个多边形。

## Calcite 中的空间数据类型

由于 Calcite 采用 Java 语言开发，其数据类型体系基本继承了 JDBC 的规范，但是直到 JDBC 规范 4.2，还没有明确支持空间数据类型。在 JDBC 规范的接口定义里，java.sql.Types 类定义了通用 SQL 数据类型，也叫 JDBC 类型，其中定义了近 40 种类型，但是没有空间相关的类型。

Calcite 为了支持更多的数据类型（不仅仅是空间类型），选择了扩展 JDBC，如代码清单 11-2 所示。其中 ExtraSqlTypes 接口定义了更多的类型。本小节将对 Calcite 数据类型体系进行说明，并以空间数据类型 Geometry 为例，当理清其中的思路后，读者便可以根据自己需要扩展更多的自定义类型，这在笔者的工作中是确实做了的。

代码清单 11-2　Calcite 扩展 JDBC 数据类型定义

```
public interface ExtraSqlTypes {
    //来源于 JDK1.6
    int ROWID = -8;
    int NCHAR = -15;
    int NVARCHAR = -9;
    int LONGNVARCHAR = -16;
    int NCLOB = 2011;
    int SQLXML = 2009;

    // 来源于 JDK 1.8
    int REF_CURSOR = 2012;
    int TIME_WITH_TIMEZONE = 2013;
    int TIMESTAMP_WITH_TIMEZONE = 2014;

    // 来源于 OpenGIS
    int GEOMETRY = 2015;
}
```

我们先来了解下数据类型的含义及其分类。

无可置疑，数据类型本质的含义是数据的一个属性，描述了数据将被如何表现，比如整型用数字表示、字符串类型用引号标识。数据类型的分类方式有 2 种。

（1）从纵向角度来看，数据类型本身可以分为整型、浮点型、字符串、数组、日期、二进制等。

（2）从横向角度来看，当数据处于不同的场景时，数据类型的分类是不同的，在 SQL 中叫 SQL 数据类型，在 Java 中叫 Java 数据类型。

为什么要有这么多数据类型呢？简单来说，就是一种数据类型无法满足要求。实际上，所有的数据都以二进制形式存储在介质中，但人们不认识一串"01"代码，所以人们用分类的方法来区分不同的数据类型。当然，数据类型并不是完全隔离的，有的数据类型可以转换为另一种，有的则不可以，因此分类之后的又一个问题就是数据类型转换。

在 Calcite 中，一方面是 SQL 规范，另一方面是 Java 语言的实现，我们至少会面对 2 种数据类型的交互，而在实现过程中，为了实现 JDBC 规范，不得不引入 JDBC 的数据类型。图 11-3 展示了数据类型的关系。我们需要明白这 3 种数据类型的来源与转换，SQL 数据类型的定义为 SqlTypeName，为了便于计算，需要将其转化为 Java 数据类型，因此有了 JavaToSqlTypeConversionRules 这个转换类，这是一个相互转换的过程；而 JDBC 的实现，是为了规范客户端查询数据，因此 JDBC 中又定义了 java.sql.Types 类。接下来我们具体描述一下其实现过程。

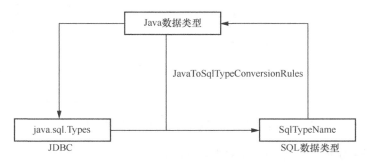

图 11-3　Calcite 数据类型的关系

SqlTypeName 实际上是一个枚举类型，里面定义了大约 50 个 SQL 数据类型，每一个类型有 4 个属性，分别是精度和范围，是否是特殊类型，JDBC 关联数字以及 SQL 数据类型分组。

### 1. 精度和范围

精度（precision）和范围（scale）是针对数字来说的，精度指数字的数量，范围指小数位数，比如 12.34 的精度为 4，范围为 2，如代码清单 11-3 所示。

**代码清单 11-3　Calcite 中 SQL 数据类型精度类型是否启用定义**

```
private interface PrecScale {
    int NO_NO = 1;
    int YES_NO = 2;
    int YES_YES = 4;
}
```

### 2. 是否是特殊类型

所谓特殊类型（special）就是非标准 SQL 数据类型，比如 ANY、NULL、SYMBOL 就是非标准 SQL 数据类型，此时 special 参数就会设成 true。

### 3. JDBC 关联数字

Calcite 为了将 SQL 数据类型和 JDBC 关联起来，设置了 JDBCOrdinal 参数，其值就是 java.sql.Types 里的数字。

### 4. SQL 数据类型分组

SQL 数据类型可以分类，自然也可以分组（SqlTypeFamily），分组的目的是在类型转换时提供参考，比如各种数字可以分为一类 NUMBER，日期可以分为 DATE，如代码清单 11-4 所示。

**代码清单 11-4　SQL 数据类型枚举示例**

```
public enum SqlTypeName {
    BOOLEAN(PrecScale.NO_NO, false, Types.BOOLEAN, SqlTypeFamily.BOOLEAN),
    INTEGER(PrecScale.NO_NO, false, Types.INTEGER, SqlTypeFamily.NUMERIC),
    DECIMAL(PrecScale.NO_NO | PrecScale.YES_NO | PrecScale.YES_YES, false, Types.
            DECIMAL, SqlTypeFamily.NUMERIC),
    //空间类型
    GEOMETRY(PrecScale.NO_NO, false, ExtraSqlTypes.GEOMETRY, SqlTypeFamily.GEO),
    ......
}
```

代码清单 11-5 所示为 Java 数据类型转换为 SQL 数据类型的代码实现。

**代码清单 11-5　Java 数据类型转换为 SQL 数据类型的代码实现**

```
// Java 数据类型到 SQL 数据类型的映射
private final Map<Class<?>, SqlTypeName> rules =
    ImmutableMap.<Class<?>, SqlTypeName>builder()
        .put(Integer.class, SqlTypeName.INTEGER)
        .put(int.class, SqlTypeName.INTEGER)
        .put(Geometries.Geom.class, SqlTypeName.GEOMETRY)
        .build();
// Java 数据类型转换为 SQL 数据类型
public SqlTypeName lookup(Class javaClass) {
    return rules.get(javaClass);
}
```

数据类型可以转换的规则定义在该类中，如果我们有自定义类型，可以在这里添加规则。如代码清单 11-6 所示，Calcite 将规则用 Map 映射存储起来，键是 SQL 数据类型，值是可以转换成键的 SQL 数据类型集合，比如 INTEGER 可以由比它长度更短的数字转换而来，而小数 DECIMAL 又可以由整数转换而来。而空间数据类型 Geometry 只有一个规则，不能转换为其他数据类型。

**代码清单 11-6　SQL 数据类型转换规则示例**

```
final Map<SqlTypeName, ImmutableSet<SqlTypeName>> rules;

//INTEGER 可由以下数据类型转换而来
rule.clear();
rule.add(SqlTypeName.TINYINT);
rule.add(SqlTypeName.SMALLINT);
rule.add(SqlTypeName.INTEGER);
rules.add(SqlTypeName.INTEGER, rule);

//DECIMAL 可由以下数据类型转换而来
rule.clear();
rule.add(SqlTypeName.TINYINT);
rule.add(SqlTypeName.SMALLINT);
rule.add(SqlTypeName.INTEGER);
rule.add(SqlTypeName.BIGINT);
rule.add(SqlTypeName.REAL);
```

```
rule.add(SqlTypeName.DOUBLE);
rule.add(SqlTypeName.DECIMAL);
rules.add(SqlTypeName.DECIMAL, rule);

//GEOMETRY 可由以下数据类型转换而来
rules.add(SqlTypeName.GEOMETRY, EnumSet.of(SqlTypeName.GEOMETRY));
```

定义的这些转换规则会在数据类型转换时用到。Calcite 内部是使用 SQL 数据类型来区分，在 SqlTypeUtil 类里，核心的转换方法为 canCastFrom，如代码清单 11-7 所示。如果类型相同或是任意类型，那么可以转换，否则使用定义的规则来判断。

**代码清单 11-7　数据类型转换逻辑代码**

```
public static boolean canCastFrom(
        RelDataType toType,
        RelDataType fromType,
        boolean coerce) {
    // 如果类型相同或是任意类型，那么可以转换
    if (toType.equals(fromType)) {
        return true;
    }
    if (isAny(toType) || isAny(fromType)) {
        return true;
    }
    final SqlTypeName fromTypeName = fromType.getSqlTypeName();
    final SqlTypeName toTypeName = toType.getSqlTypeName();
    ... // 中间省略诸多特殊判断
    // 最终使用规则判断
    SqlTypeMappingRule rules = SqlTypeMappingRules.instance(coerce);
    return rules.canApplyFrom(toTypeName, fromTypeName);
}
```

每种数据类型都承载着一些数据，而数据结构和数据内容会被封装在一个节点中，也就是我们在前面了解的行表达式。在行表达式的实现中，我们要特别关注其中的一个实现：RexLiteral。如代码清单 11-8 所示，构造常量表达式的方法 makeLiteral 会根据 SQL 数据类型构造常量实例。

**代码清单 11-8　构造常量表达式的核心代码**

```
public RexNode makeLiteral(Object value, RelDataType type,
                           boolean allowCast, boolean trim) {
    final SqlTypeName sqlTypeName = type.getSqlTypeName();
    switch (sqlTypeName) {
        case DATE:
            return makeDateLiteral((DateString) value);
        case GEOMETRY:
            return new RexLiteral((Comparable) value, guessType(value),
            SqlTypeName.GEOMETRY);
```

```
        ...
    }
}
```

当表达式是一个常量时，它的数据类型和数据值都是确定的，而在实际运算（构造常量或去除强转约束）时，Calcite 并不能确定一个常量里数据类型和数据值是否匹配，所以在 RexLiteral 中有一个类型检测方法 valueMatchesType，如代码清单 11-9 所示。该方法会根据 SQL 数据类型对值、对类型进行检测，通过验证数据的实际类型来判断是否和 SQL 数据类型匹配，达到数据约束和简化表达式的目的。

**代码清单 11-9　值是否匹配 SQL 数据类型的判断代码**

```
public static boolean valueMatchesType(
        Comparable value,
        SqlTypeName typeName,
        boolean strict) {
    switch (typeName) {
        case BOOLEAN:
            return value instanceof Boolean;
        case DATE:
            return value instanceof DateString;
        case GEOMETRY:
            return value instanceof Geometries.Geom;
        ...
    }
}
```

在表达式到最终语句的转换过程中，可能需要拿到数据进行计算或展示，RexToLix-Translator 类的 translateLiteral 方法描述了这个过程，如代码清单 11-10 所示。日期和时间类型会采用 int 类型做计算，而空间数据类型则会转换成 WKT 的形式，最终以字符串常量表达式返回。

**代码清单 11-10　根据常量类型做转换计算**

```
public static Expression translateLiteral(
        RexLiteral literal,
        RelDataType type,
        JavaTypeFactory typeFactory,
        RexImpTable.NullAs nullAs) {
    switch (literal.getType().getSqlTypeName()) {
        case DATE:
        case TIME:
            value2 = literal.getValueAs(Integer.class);
            javaClass = int.class;
            break;
        ...
        case GEOMETRY:
            final Geometries.Geom geom = literal.getValueAs(Geometries.Geom.class);
            final String wkt = GeoFunctions.ST_AsWKT(geom);
            return Expressions.call(null,
                    BuiltInMethod.ST_GEOM_FROM_TEXT.method,
```

```
                    Expressions.constant(wkt));
            return Expressions.constant(value2, javaClass);
        }
    }
```

Calcite 在自己的优化过程中以 SQL 数据类型为主，而在数据的返回过程中，需要转换为 Java 数据类型，和 JDBC 交互。类型转换工厂的 Java 实现描述了这个过程，节点的数据类型最终会转换为 Java 数据类型，在 JavaTypeFactoryImpl 类的 getJavaClass 方法中实现了从任意数据类型到 Java 数据类型的转换，如果我们要自定义类型，这里也是少不了的，如代码清单 11-11 所示。

**代码清单 11-11　数据类型转换为 Java 数据类型的逻辑**

```
public Type getJavaClass(RelDataType type) {
    if (type instanceof JavaType) {
        JavaType javaType = (JavaType) type;
        return javaType.getJavaClass();
    }
    if (type instanceof BasicSqlType || type instanceof IntervalSqlType) {
        switch (type.getSqlTypeName()) {
        case VARCHAR:
        case CHAR:
            return String.class;
        //省略中间的类型匹配
        case GEOMETRY:
            return Geometries.Geom.class;
    }
}
```

上述过程描述了 Calcite 几种数据类型的转换关键点，当我们需要扩展 Calcite 的数据类型时，需要修改的地方很多。

## 11.3　空间函数

定义了空间数据类型后，我们的最终目的是对数据做一些操作，包括创建、查询、转换和分析等。OGC 规范定义了 150 多种空间函数，Calcite 实现了其中 30 多种，大体可以分为创建类函数、转换类函数、属性查询函数、空间判断函数 4 类。接下来我们对这 4 类函数进行详细介绍。

### 11.3.1　创建类函数

创建类函数的作用是基于数据库的基本数据类型构造空间数据，但是目前 Calcite 并不支持三维空间数据的构建，如表 11-2 所示。

表 11-2　Calcite 支持的创建类函数

| 函数语法 | 函数功能描述 |
| --- | --- |
| ST_MakeEnvelope(xMin, yMin, xMax, yMax [, srid ]) | 构造一个正方形 |
| ST_MakeGrid(geom, deltaX, deltaY) | 计算一个空间数据的多边形网格 |
| ST_MakeGridPoints(geom, deltaX, deltaY) | 计算一个空间数据的网格点 |
| ST_MakeLine(point1 [, point ]*) | 构造一个 Linestring |
| ST_MakePoint(x, y [, z ]) | 构造一个点 |
| ST_Point(x, y [, z ]) | 构造一个点 |

## 11.3.2　转换类函数

转换类函数的作用是将 WKT 数据和空间数据相互转换。如表 11-3 所示，所有的空间函数名称都以 "ST_" 作为前缀，以与普通函数进行区分。不过目前 Calcite 还没有实现与 WKB 相关的转换类函数。

表 11-3　Calcite 支持的转换类函数

| 函数语法 | 函数功能描述 |
| --- | --- |
| ST_AsText(geom) | 将空间数据类型转换为文本格式 |
| ST_AsWKT(geom) | 将空间数据类型转换为 WKT |
| ST_GeomFromText(wkt [, srid ]) | 将文本（WKT）转换为空间数据类型（Geometry） |
| ST_LineFromText(wkt [, srid ]) | 将文本（WKT）转换为 LineString 类型 |
| ST_MLineFromText(wkt [, srid ]) | 将文本（WKT）转换为 MultiLinestring 类型 |
| ST_MPointFromText(wkt [, srid ]) | 将文本（WKT）转换为 MultiPoint 类型 |
| ST_MPolyFromText(wkt [, srid ]) | 将文本（WKT）转换为 MultiPolygon 类型 |
| ST_PointFromText(wkt [, srid ]) | 将文本（WKT）转换为 Point 类型 |
| ST_PolyFromText(wkt [, srid ]) | 将文本（WKT）转换为 Polygon 类型 |

## 11.3.3　属性查询函数

属性查询函数的作用是从空间对象中取出或者计算相关属性，如表 11-4 所示。目前来看，Calcite 在这一部分的支持还需要加强。

表 11-4　Calcite 支持的属性查询函数

| 函数语法 | 函数功能描述 |
| --- | --- |
| ST_Boundary(geom [, srid ]) | 返回空间数据类型的边界 |
| ST_Distance(geom1, geom2) | 返回两个空间数据的距离 |
| ST_GeometryType(geom) | 返回空间数据的类型 |
| ST_GeometryTypeCode(geom) | 返回空间数据的 OGC 类型编号 |
| ST_Envelope(geom [, srid ]) | 返回空间数据的最小包围矩形（Minimun Bounding Rectangle，MBR） |
| ST_X(geom) | 返回空间数据的第一个坐标点的 $x$ 坐标值 |
| ST_Y(geom) | 返回空间数据的第一个坐标点的 $y$ 坐标值 |

## 11.3.4　空间判断函数

空间判断函数的作用是对空间数据进行空间关系的判断，主要是指空间的包含、重叠、相交等，如表 11-5 所示。一般在 SQL 语句中，相关的函数可以直接加入 WHERE 子句中使用。

表 11-5　Calcite 支持的空间判断函数

| 函数语法 | 函数功能描述 |
| --- | --- |
| ST_Contains(geom1, geom2) | 判断两个空间数据是否有包含关系 |
| ST_Crosses(geom1, geom2) | 判断两个空间数据内部存在交集 |
| ST_DWithin(geom1, geom2, distance) | 判断两个空间数据是否在一定距离内相交 |
| ST_Equals(geom1, geom2) | 判断两个空间数据是否相同 |
| ST_Intersects(geom1, geom2) | 判断两个空间数据内部或边界存在交集 |
| ST_Overlaps(geom1, geom2) | 判断两个空间数据是否覆盖 |
| ST_Touches(geom1, geom2) | 判断两个空间数据是否相连 |
| ST_Union(geom1, geom2) | 联合两个空间数据 |
| ST_Union(geomCollection) | 联合两个空间数据集 |

在 Calcite 的实现中，大部分函数都是 UDF（源码实现类为 org.apache.calcite.runtime.Geo-Functions），有些函数却是 UDTF（源码实现类为 org.apache.calcite.sql.fun.SqlGeoFunctions），比如 ST_MakeGrid，将一个空间对象变成多个格子后已经是多行多列的数据了。

## 11.4 使用方法

在本章对应的附书代码中，我们定义一份数据用户 GPS（Global Positioning System，全球定位系统）点数据，将用户在某个时刻的经纬度信息保存为一行数据，如代码清单 11-12 所示。

**代码清单 11-12　示例数据**

```
id:INTEGER name:VARCHAR lon:DOUBLE lat:DOUBLE time:BIGINT
1,jimo,106.312638,29.560795,1538344234928
2,jimo,106.312758,29.562841,1538336888338
3,jimo,106.31282,29.564806,1538341888167
4,jimo,106.312903,29.566954,1538336376577
5,jimo,106.313198,29.570209,1538360001712
```

默认情况下，空间功能是没有启用的，我们需要使用 fun=spatial 启用空间函数，如代码清单 11-13 所示。

**代码清单 11-13　启用空间函数**

```
URL url = ClassLoader.getSystemClassLoader().getResource("model.json");
try (Connection connection =
    DriverManager.getConnection("jdbc:calcite:model=" + url.getPath() +
        ";fun=spatial")) {...}
```

然后我们就可以在 SQL 中调用 Calcite 已经实现的空间函数，如代码清单 11-14 所示。

**代码清单 11-14　利用 SQL 执行空间操作**

```
select ST_Point("lon","lat") from "user_pos"
===>
{"x":106.312638,"y":29.560795}
{"x":106.312758,"y":29.562841}
{"x":106.31282,"y":29.564806}

#使用 ST_ MakeEnvelope 构造一个矩形空间范围
select * from "user_pos" where
ST_Within(ST_Point("lon","lat") ,ST_MakeEnvelope(106.331229,29.570227,106.341229,29.584227))
===>
12    jimo    106.334001    29.573432    1538335988943
13    jimo    106.337753    29.571004    1538353189427
```

## 11.5　自定义空间函数

Calcite 对空间函数的支持是基于开源项目 Esri geometry API 来实现的，Java 技术栈的其他框架实现空间函数也基于该项目，比如 Hive、HBase、Cassandra 等。

我们实现空间操作的过程就是实现 UDF 的过程，可以参考本书第 10 章的相关内容。

## 11.6　本章小结

Calcite 作为一个优化器框架，空间查询虽然不是核心的功能，但其还是做了支持，并且做了相应的查询重写。在实践中，具体的空间查询不可能全部交给 Calcite 来执行，而是通过接入的空间数据库去完成。

第 **12** 章

# 流式处理

相对于传统的数据处理模式，人们对动态数据的处理需求越来越大，因此流式处理也成为一个趋势。Calcite 同样对流式处理进行了支持。接下来我们会从以下几个方面来介绍：

- 流式查询简介；
- 流式查询初体验；
- 流式聚合查询。

## 12.1 流式查询简介

传统的数据处理基于静态的数据集，而流式数据也是数据的集合，只是这些数据持续地流动。与传统表格数据不同的是，它们通常不存储在磁盘上，而是通过网络流动并在内存中短时间保存。

在应用层面上，流是表的补充，因为它代表现在和未来发生的事情，而表代表过去发生的事情。将流数据存档到表中是很常见的。

和表类似，如何对流式数据进行便捷的操作是我们面临的一个很大的问题。由于在标准 SQL 里，并没有对流式数据查询的定义，Calcite 通过对标准 SQL 进行扩展来对流进行查询，因此它的流式 SQL 有如下几个特性：

- 流式 SQL 和标准 SQL 类似，所以很容易上手；
- 流查询的结果要和表查询一样，以保证语义的正确性；
- 表和流的查询可以结合起来，也就是离线数据和内存数据相结合。

在使用 Calcite 时，我们可以在查询关键字 SELECT 后面添加 STREAM 关键字，将其转化为一个能够处理流式数据的流式 SQL，如代码清单 12-1 所示。

**代码清单 12-1　流式 SQL 示例**

```
SELECT STREAM * FROM LOG;
```

注意，STREAM 关键字不能用于普通表，否则会出现报错信息，如代码清单 12-2 所示。

**代码清单 12-2　流式 SQL 报错信息**

```
ERROR: Cannot convert table 'xxx' to a stream
```

同样地，流式表也不能进行普通查询，否则会出现报错信息，如代码清单 12-3 所示。

**代码清单 12-3　流式 SQL 报错信息**

```
Cannot convert stream 'LOG' to relation
```

## 12.2　流式查询初体验

我们先通过一个示例来体验流式查询有什么不同。这里的不同体现在 2 个方面：

- 开发时代码实现和查询 SQL 的不同；
- 结果集获取方式的不同。

我们定义一个场景：不断接受系统日志的日志处理，简单起见，只定义一个日志表 LOG，包含 3 个字段：

- time（日志产生的时间）；
- level（日志级别）；
- msg（日志信息）。

相应的 model.json 文件定义如下，这里将 stream 设为 true，表示这是一张流式表，如代码清单 12-4 所示。

**代码清单 12-4　流式表的声明方法**

```
"schemas": [{
    "name": "STREAM",
    "tables": [{
        "type": "custom",
        "name": "LOG",
        "stream": {
            "stream": true
        },
```

```
            "factory": "cn.com.ptpress.cdm.stream.StreamLogTableFactory"
    }]
}]
```

创建 LOG 表的工厂类返回一个 StreamLogTable 实例，如代码清单 12-5 所示。

**代码清单 12-5　构造 StreamLogTable 实例的代码实现**

```
public class StreamLogTableFactory implements TableFactory<Table> {
    @Override
    public Table create(SchemaPlus schema,
                        String name,
                        Map<String, Object> operand,
                        RelDataType rowType) {
        return new StreamLogTable();
    }
}
```

　　重点是 StreamLogTable 的实现。首先，为了表示这是一张流式表，我们需要实现 Streamable-Table 接口，并实现其 stream 方法，该方法返回其本身，因为这个表还会同时产生数据。然后实现 ScannableTable 接口。其中 2 个重要的方法是 getRowType，需要返回表的结构，也就是前面说的 3 个列。最后实现 scan 方法，在这个方法里，我们模拟流式数据的产生，使用一个永不结束的迭代器，随机等待一段时间，返回一条日志数据，真实情况可能是从 Kafka 里读取数据然后返回。完整实现请参考附书代码，部分代码如代码清单 12-6 所示。

**代码清单 12-6　定义流的代码实现**

```
/**
 * 定义流
 */
public class StreamLogTable implements ScannableTable, StreamableTable {
    /**
     * 定义查询流的方法
     */
    @Override
    public Enumerable<Object[]> scan(DataContext root) {
        return Linq4j.asEnumerable(() -> new Iterator<Object[]>() {
            private Random r = new Random();
            private String[] LEVEL = {"ERROR", "WARN", "INFO", "DEBUG"};
            // 判断是否存在下一条数据
            @Override
            public boolean hasNext() {
                return true;
            }
            // 获取下一条数据
            @SneakyThrows
            @Override
            public Object[] next() {
```

```
                    TimeUnit.MILLISECONDS.sleep(r.nextInt(1000));
                    final String level = LEVEL[r.nextInt(LEVEL.length)];
                    final long time = System.currentTimeMillis();
                    return new Object[]{time, level,
                            String.format("This is a %s msg on %s", level, time)};
                }
            });
        }
        // 获取元数据信息
        @Override
        public Table stream() {
            return this;
        }
        // 获取数据类型
        @Override
        public RelDataType getRowType(RelDataTypeFactory typeFactory) {
            return typeFactory.builder()
                    .add("LOG_TIME", SqlTypeName.TIMESTAMP)
                    .add("LEVEL", SqlTypeName.VARCHAR)
                    .add("MSG", SqlTypeName.VARCHAR)
                    .build();
        }
        ...
    }
```

而执行流式查询的代码没什么变化，除了传入的 SQL 语句不同，如代码清单 12-7 所示。

**代码清单 12-7　执行流式查询的示例代码**

```
// 获取配置文件的 URL
URL url = ClassLoader.getSystemClassLoader().getResource("model.json");
assert url != null;
try (Connection connection =
            DriverManager.getConnection("jdbc:calcite:model=" + url.getPath())) {
    final Statement stmt = connection.createStatement();
    final ResultSet rs = stmt.executeQuery("select STREAM * from LOG");
    printResult(rs);
}

private void printResult(ResultSet rs) throws SQLException {
    final ResultSetMetaData md = rs.getMetaData();
    for (int i = 0; i < md.getColumnCount(); i++) {
        System.out.print(md.getColumnLabel(i + 1) + "\t");
    }
    System.out.println("----------------------------------------");
    while (rs.next()) {
        System.out.println();
        for (int i = 0; i < md.getColumnCount(); i++) {
            System.out.print(rs.getObject(i + 1) + "\t");
        }
    }
}
```

当程序运行时，日志就会源源不断地输出，如代码清单 12-8 所示。

**代码清单 12-8 流式数据的数据输出示例**

```
LOG_TIME  LEVEL    MSG ------------------------------------------
2021-06-14 03:20:46.645   ERROR   This is a ERROR msg on 1623640846645
2021-06-14 03:20:46.656   INFO    This is a INFO msg on 1623640846656
2021-06-14 03:20:47.405   ERROR   This is a ERROR msg on 1623640847405
2021-06-14 03:20:48.212   WARN    This is a WARN msg on 1623640848212
2021-06-14 03:20:48.799   WARN    This is a WARN msg on 1623640848799
...
```

要想让程序停止，有 2 种方式。

（1）当服务端不再产生数据，也就是 StreamLogTable 的 scan 迭代器停止产生数据，当这种情况出现时，直接返回 false 即可，如代码清单 12-9 所示。不过对于流式数据来说，这本来就是永无止境的。

**代码清单 12-9 判定是否有数据的方法**

```
@Override
public boolean hasNext() {
    return false;
}
```

（2）客户端自己取消查询，如代码清单 12-10 所示。

**代码清单 12-10 客户端手动停止程序的代码实现**

```
// 获取 Statement 对象
final Statement stmt = connection.createStatement();
// 获取结果集
final ResultSet rs = stmt.executeQuery("select STREAM * from LOG");
// 开启一个定时停止线程
new Thread(() -> {
    try {
        // 5 秒后停止
        TimeUnit.SECONDS.sleep(5);
        stmt.cancel();
    } catch (InterruptedException | SQLException e) {
        e.printStackTrace();
    }
}).start();
// 永无止境地输出
try {
    printResult(rs);
} catch (SQLException e) {
    // 异常处理逻辑
}
```

程序停止后，就会得到一个异常——java.sql.SQLException: Statement canceled，客户端捕获这个异常即可。

## 12.3 流式聚合查询

在真正使用流式查询时，除了简单的查询操作，我们也会进行统计、聚合分析等，比如统计一段时间内错误日志的数量。

可能我们很容易写出这样的聚合 SQL 语句，在一段时间内按照日志级别执行 GROUP BY。

如果我们直接采用惯性思维，使用普通 SQL 语句的方式，如代码清单 12-11 所示。

**代码清单 12-11　有问题的流式聚合查询示例**

```
SELECT
    STREAM level,
    count(*)
FROM
    LOG
WHERE
    time...
GROUP BY
    level
```

很快就会得到报错信息，如代码清单 12-12 所示。

**代码清单 12-12　流式聚合查询的报错信息**

```
Streaming aggregation requires at least one monotonic expression in GROUP BY clause
```

报错原因是流式聚合必须有一个单调表达式。单调表达式简单来说就是 GROUP BY 后面的字段里必须有一个列，其值是单调递增或递减的。一般来说，这个列就是时间，或者一个递增的 ID。既然是流式数据，那么一般都会存在时间列，这里也不例外。

所以，修改我们的 SQL 语句，按照时间和日志级别来聚合，如代码清单 12-13 所示。

**代码清单 12-13　有问题的流式聚合查询示例**

```
SELECT
    STREAM FLOOR(log_time TO MINUTE) AS log_time,
    level,
    count(*) AS c
FROM
    LOG
GROUP BY
    FLOOR(log_time TO MINUTE),
    level
```

这条 SQL 语句用到了一个专门用来处理流式 SQL 的 FLOOR 函数，它的功能是对时间进行取整转换，格式为 FLOOR(dateTime TO intervalType)，dateTime 可以是 date、time、timestamp 类型，intervalType 可以是 SECOND、MINUTE、HOUR 等。与之对应的函数是 CEIL，一个向下取整，一个向上取整。

这条 SQL 语句的含义就变成了：统计每分钟各个日志级别的日志数量，并且是不断统计，数据不断产生。但是代码清单 12-14 所示的写法同样是有问题的，这个程序不会输出任何东西。这里其实 SQL 已经在运行了，数据全部都存储在内存当中，不会返回。

**代码清单 12-14　有问题的流式聚合查询示例**

```java
// 获取 Statement 对象
final Statement stmt =
        connection.createStatement();
// 获取结果集
final ResultSet rs =
        stmt.executeQuery(
                "select STREAM FLOOR(log_time TO MINUTE) as log_time,"+
                        "level,count(*) as c from LOG"+
                        "group by FLOOR(log_time TO MINUTE), level");
// 输出结果
printResult(rs);
```

如果想要结果实时返回，我们就要做一些改变，设置一个中间缓存，让每次查询都能结合历史一起计算，至于这个缓存设置多大，就要根据业务需求来定，比如 1 小时的订单数据、10 分钟内的日志数据等。

我们新增一张流式表 LOG_CACHE，其实现只在 scan 方法有所不同。在初始化时我们创建一个线程来模拟数据的产生，迭代时每次返回整个缓存列表。具体实现如代码清单 12-15 所示。

**代码清单 12-15　流式缓存表定义的代码实现**

```java
/**
 * 流式缓存表定义
 */
public class StreamCacheLogTable extends StreamLogTable {
    private static List<Object[]> CACHE = new ArrayList<>();

    public StreamCacheLogTable() {
        new Thread(() -> {
            Random r = new Random();
            String[] LEVEL = {"ERROR", "WARN", "INFO", "DEBUG"};
            while (true) {
                try {
                    TimeUnit.MILLISECONDS.sleep(r.nextInt(1000));
                } catch (InterruptedException e) {
                    e.printStackTrace();
                }
                final String level = LEVEL[r.nextInt(LEVEL.length)];
```

```
            final long time = System.currentTimeMillis();
            final Object[] row =
                    {time, level, String.format("This is a %s msg on %s", level, time)
                    };
            CACHE.add(row);
        }
    }).start();
}

// 读取数据方法
@Override
public Enumerable<Object[]> scan(DataContext root) {
    return Linq4j.asEnumerable(CACHE);
}
}
```

当我们使用新的表执行聚合查询时，为了突出变化，我们轮询 10 次，每次停顿 1 秒，如代码清单 12-16 所示。

**代码清单 12-16　模拟查询 10 次的代码实现**

```
// 模拟查询 10 次
for (int i = 0; i < 10; i++) {
    TimeUnit.SECONDS.sleep(1);
    final Statement stmt = connection.createStatement();
    final ResultSet rs =
            stmt.executeQuery("select STREAM FLOOR(log_time TO MINUTE) as log_time,"+
                    "level,count(*) as c from LOG_CACHE"+
                    "group by FLOOR(log_time TO MINUTE), level");
    printResult(rs);
}
```

输出结果如代码清单 12-17 所示。我们会发现每秒都有一次输出，而且聚合了之前所有的结果，这也提醒我们要按时清理缓存，否则依然会累积到溢出。

**代码清单 12-17　输出结果**

```
LOG_TIME    LEVEL   C
-------------------------------------------
2021-06-14 09:16:00.0    INFO    2
2021-06-14 09:16:00.0    DEBUG   2
2021-06-14 09:16:00.0    ERROR   1

LOG_TIME    LEVEL   C
-------------------------------------------
2021-06-14 09:16:00.0    INFO    4
2021-06-14 09:16:00.0    DEBUG   2
2021-06-14 09:16:00.0    ERROR   2
...
LOG_TIME    LEVEL   C
-------------------------------------------
2021-06-14 09:17:00.0    ERROR   6
```

```
2021-06-14 09:17:00.0    DEBUG    5
2021-06-14 09:16:00.0    INFO     4
2021-06-14 09:16:00.0    DEBUG    2
2021-06-14 09:17:00.0    INFO     3
2021-06-14 09:16:00.0    ERROR    2
2021-06-14 09:17:00.0    WARN     2
```

对以上的流式聚合依然可以使用 HAVING、WHERE 子句等再次过滤，不过如果我们要进行更精确的时间聚合，比如每 5 分钟，FLOOR 函数是做不到的。Calcite 官方虽然已经提出了解决方法，但是并没有实现，这个方法就是窗口函数 TUMBLE 和 HOP。

TUMBLE 函数接收 2 个或 3 个参数：时间列、时间间隔大小、可选的时间偏移。和上面等价的 TUMBLE 写法如代码清单 12-18 所示，TUMBLE_END 接收同样的参数，代表这个窗口结束时的值，同样有 TUMBLE_START。

**代码清单 12-18　流式窗口查询 SQL 示例**

```
select
    STREAM TUMBLE_END(log_time, INTERVAL '1' MINUTE) as log_time,
    level,
    count(*) as c
from
    LOG
group by
    TUMBLE(log_time, INTERVAL '1' MINUTE),
    level
```

现在我们只需要修改 INTERVAL 的参数就能控制每个时间段的每个时刻，加上偏移参数，还能精确到 1 小时的第几分钟，比如代码清单 12-19 所示的写法，将在每小时的 15 分钟、35 分钟、55 分钟分别触发一次聚合窗口。

**代码清单 12-19　偏移量的 SQL 示例**

```
TUMBLE(log_time, INTERVAL '20' MINUTE, TIME '0:15')
```

## 12.4　本章小结

本章介绍了 Calcite 对流式查询的支持，通过扩展 SQL 语法对流式数据进行聚合分析，能用于很多实时场景。用户只需要做一些轻量级的定制化开发，就可以利用 Calcite 实现很多功能，并且具有良好的扩展性。但完整的流式处理尚有很长的路要走，通过丰富聚合函数，完善普通表和流式表的 Join 查询，Calcite 这个框架受众以及适用的业务场景会越来越广。

# 第 13 章

# 视 图

视图在数据库中作为表数据的逻辑集合，本身不存储数据，但是会有数据提取的逻辑。视图有方便、安全的特点。本章将介绍 Calcite 除了对普通视图（也叫逻辑视图）的支持，还有对物化视图查询上做出的优化，以及如何基于格（Lattice）提升数据查询性能。

## 13.1　普通视图

在 Calcite 中，视图主要分为两种，一种是普通视图，另一种是物化视图。其中普通视图表示的是一个查询逻辑。我们以 CSV 数据源为例，准备一张 sale_order 表，表示订单数据，每一行数据代表一个用户的一笔订单，如代码清单 13-1 所示。

**代码清单 13-1　订单示例数据**

```
ID:BIGINT PRODUCT_ID:INTEGER USER_ID:BIGINT MONEY:DOUBLE TIME:BIGINT
1,1,1,18.8,1538344234928
2,2,1,1.8,1538344234928
```

在元数据里声明一个视图 V_ORDER_1，表示查询用户 ID 为 1 的用户的订单，如代码清单 13-2 所示。

**代码清单 13-2　示例数据的配置声明**

```
"schemas": [
    {
        "name": "CSV",
        "type": "custom",
        "factory": "cn.com.ptpress.cdm.ds.csv.CsvSchemaFactory",
        "operand": {
            "dataFile": "SALE_ORDER.csv,PRODUCT.csv"
        },
        "tables": [
            {
                "name": "V_ORDER_1",
                "type": "view",
                "sql": "select * from sale_order where user_id=1",
```

```
                          "modifiable": false
              }
          ]
      ]
      ...
```

当我们执行视图的查询时，从执行计划可以看出，最终扫描的依然是表，这是因为视图只是一个逻辑结果，最终会转换成对原始表的查询，如代码清单 13-3 所示。

**代码清单 13-3　查询视图的操作以及查询执行计划**

```
SQL>> select * from v_order_1
ID  PRODUCT_ID  USER_ID  MONEY  TIME
-------------------------------------
1   1   1   18.8   1538344234928
2   2   1   1.8    1538344234928
5   4   1   48.8   1538344234928

SQL>> explain plan for select * from v_order_1
PLAN
-------------------------------------
EnumerableCalc(expr#0..4=[{inputs}], expr#5=[1:BIGINT], expr#6=[=($t2, $t5)],
proj#0..4=[{exprs}], $condition=[$t6])
    EnumerableTableScan(table=[[CSV, SALE_ORDER]])
```

## 13.2　物化视图

为了提高视图查询的效率，有些数据库（比如 Hive、Cassandra）实现了物化视图。物化视图是一种特殊的视图，它是远程数据的本地副本，可以用来生成基于数据表的统计表。与前文讲述的普通视图不同，物化视图本身是存储数据的。

对于这些数据库，可以在 Calcite 的元数据中声明物化视图定义，这样 Calcite 就会在优化时考虑使用物化视图。Calcite 本身并不参与物化视图的更新，那是接入的数据源负责的事。

在 Calcite 中定义物化视图也十分简单，只需要声明物化视图名称和构成视图的 SQL 语句。例如，我们声明一个名为 M_ORDER1 的物化视图，其 SQL 语句定义为查询用户 ID 为 1 的订单数据，如代码清单 13-4 所示。

**代码清单 13-4　物化视图的配置定义示例**

```
{
    "name": "CSV",
    "type": "custom",
    "factory": "cn.com.ptpress.cdm.ds.csv.CsvSchemaFactory",
    "operand": {
        "dataFile": "SALE_ORDER.csv,PRODUCT.csv"
    },
```

```
      "materializations": [{
          "table": "M_ORDER1",
          "sql": "select * from sale_order where user_id=1"
      }]
  }
```

当我们查询的是物化视图的子集或能够利用物化视图时，就会替换成物化视图去查询。比如，我们查询用户 ID 为 1 的订单金额，通过执行计划可以看出，虽然我们查询的是表，但其最后使用的是物化视图 M_ORDER1，如代码清单 13-5 所示。

**代码清单 13-5  查询和使用物化视图**

```
SQL>> explain plan for select money from sale_order where user_id=1
PLAN
-------------------------------------
EnumerableCalc(expr#0..4=[{inputs}], MONEY=[$t3])
    EnumerableTableScan(table=[[CSV, M_ORDER1]])

SQL>> select money from sale_order where user_id=1
MONEY
-------------------------------------
18.8
1.8
48.8
```

Calcite 对物化视图的优化主要是查询重写，而重写又分为 2 种：

● 基于规则转换的重写；

● 基于计划结构的重写。

其中，基于规则转换的重写，就是匹配一个个条件，对能够转化为物化视图的查询进行替换。比如我们定义了一个物化视图 mv，如代码清单 13-6 所示。

**代码清单 13-6  定义物化视图**

```
CREATE VIEW mv AS SELECT a, b, c FROM t WHERE x = 5
```

现在我们使用代码清单 13-7 所示的查询 SQL 语句。

**代码清单 13-7  原始的查询 SQL 语句**

```
SELECT a, c FROM t WHERE x = 5 AND b = 4
```

Calcite 会将这个查询转化为代码清单 13-8 所示的查询，可以看出，整条查询语句被精简成了包含物化视图的逻辑。

**代码清单 13-8  转化后的查询语句**

```
SELECT a, c FROM mv WHERE b = 4
```

## 13.2.1　Join 重写

上述转换很容易理解，但是遇到复杂的 SQL 语句，比如带有多个 Join 的情况，就很难处理了，这时候就需要使用基于计划结构的重写的方式。Calcite 实现多连接算子的查询是基于论文 "Optimizing queries using materialized views：A practical，scalable solution"[1] 并做了一些扩展。现在可以重写任意多个过滤和投影，并且对于聚合也没问题，实现这些重写也需要库表元数据，甚至表的外键关联等信息。

为了演示多表 Join，我们再准备一张产品类别表 product，sale_order 表里的 product_id 引用的是这张表的 ID，如代码清单 13-9 所示。

**代码清单 13-9　示例数据**

```
ID:BIGINT NAME:VARCHAR
1,书籍
2,电子
3,食品
4,服饰
```

查询物化视图的代码示例如代码清单 13-10 所示。

**代码清单 13-10　查询物化视图的代码示例**

```
select
    s.id,
    p.name
from
product p
join (
    select
        id,
        product_id
    from
        sale_order
    where
        id = 1
) as s on s.product_id = p.id
```

原始查询执行计划如代码清单 13-11 所示。

**代码清单 13-11　原始查询执行计划**

```
EnumerableCalc(expr#0..3=[{inputs}], ID=[$t0], NAME=[$t3])
    EnumerableHashJoin(condition=[=($1, $2)], joinType=[inner])
        EnumerableCalc(expr#0..4=[{inputs}], expr#5=[CAST($t1):BIGINT NOT NULL],
            expr#6=[1:BIGINT], expr#7=[=($t0, $t6)], ID=[$t0], PRODUCT_ID0=[$t5],
            $condition=[$t7])
        EnumerableTableScan(table=[[CSV, SALE_ORDER]])
        EnumerableTableScan(table=[[CSV, PRODUCT]])
```

---

1　Goldstein J, Per-Åke Larson. Optimizing Queries Using Materialized Views: A practical, scalable solution[C]// ACM SIGMOD International Conference on Management of Data. ACM, 2001.

结合物化视图转换后的 SQL 语句如代码清单 13-12 所示。

**代码清单 13-12　结合物化视图转换后的 SQL 语句**

```
select
    id,name
from
    M_ORDER_JOIN_GROD
    where id=1
```

查询重写后的执行计划如代码清单 13-13 所示，在这个结果中，执行计划的逻辑同样精简成了包含物化视图的逻辑。

**代码清单 13-13　查询重写后的执行计划**

```
EnumerableCalc(expr#0..1=[{inputs}], expr#2=[1:BIGINT], expr#3=[=($t2, $t0)],
        proj#0..1=[{exprs}], $condition=[$t3])
        EnumerableTableScan(table=[[CSV, M_ORDER_JOIN_PROD]])
```

## 13.2.2　联合重写

除了对 Join 进行查询重写，对聚合查询同样可以进行查询重写操作。下面按照产品类别聚合，统计每种产品的订单总金额。查询 SQL 语句如代码清单 13-14 所示。

**代码清单 13-14　查询 SQL 语句**

```
select product_id,sum(money) from sale_order where product_id <> 2 group by product_id
PRODUCT_ID   EXPR$1
-----------------------------------
1    18.8
3    28.8
4    87.6
```

原始查询执行计划如代码清单 13-15 所示。

**代码清单 13-15　原始查询执行计划**

```
EnumerableAggregate(group=[{1}], EXPR$1=[$SUM0($3)])
    EnumerableCalc(expr#0..4=[{inputs}], expr#5=[2], expr#6=[<>($t1, $t5)], proj#0..4=
        [{exprs}], $condition=[$t6])
    EnumerableTableScan(table=[[CSV, SALE_ORDER]])
```

物化视图定义：**M_ORDER_AGG1**，其含义就是对聚合条件进行定义。我们需要对相关的聚合函数进行定义，相关定义语句见示例代码。根据这些定义，Calcite 会对查询语句进行重写。

**代码清单 13-16　查询重写后的执行计划**

```
EnumerableAggregate(group=[{1}], EXPR$1=[$SUM0($2)])
    EnumerableCalc(expr#0..2=[{inputs}], expr#3=[2], expr#4=[<>($t1, $t3)],
```

```
        proj#0..2=[{exprs}], $condition=[$t4])
  EnumerableTableScan(table=[[CSV, M_ORDER_AGG1]])
```

# 上述执行计划等价的查询语句
```
select product_id,sum(EXPR$2) from M_ORDER_AGG1 where product_id<>2 group by product_id
```

## 13.3　格

　　格最早并不是一个计算机概念，而是一个数学概念，它表示数学上的一种集合，它的定义是其非空有限子集都有一个上确界（称为并）和一个下确界（称为交）的偏序集合。

　　数学上的定义比较难懂，在 Calcite 中针对物化视图做了进一步扩展。根据用户定义的关联和聚合要求，划分出多个物化视图，来适应不同类别的查询，甚至是自动划分，划分出的这些物化视图，就可以认为是数学上称为格的集合。

　　定义格有什么好处，为什么要使用格呢？答案如下：

- 格声明了一些非常有用的主键和外键约束；
- 格帮助优化器将用户查询映射到物化视图，特别是数仓的查询；
- 格为 Calcite 提供了一个框架，用来收集有关数据量和用户查询的统计信息；
- 格允许 Calcite 自动产生物化视图。

　　在 Calcite 中定义格的方法也很简单，格依然属于 Schema，我们将它定义在 LAT 的 Schema 中，如代码清单 13-17 所示。

**代码清单 13-17　格在配置文件中的声明方式**

```json
{
    "name": "LAT",
    "autoLattice": false,
    "lattices": [{
        "name": "star",
        "sql": [
            "select id from csv.product"
        ],
        "auto": true,
        "algorithm": true,
        "rowCountEstimate": 10000,
        "defaultMeasures": [{
            "agg": "count"
        }]
    }]
}
```

上述的参数对应含义如下。

autoLattice：自动生成格，默认为 false，如果为 true，Calcite 就根据查询自动生成一些物化视图，而不是使用用户定义好的。

lattices：里面定义多个格。

name：格的名称。

sql：定义用户希望基于的底表、维度表，可以关联多个表。

auto：Calcite 根据 SQL 定义自动生成物化视图。

在上面的定义中，我们使用了 product 表作为底表，默认 Calcite 会生成针对 count 聚合的物化视图。

我们执行一个统计总数的查询，分析其执行计划，如代码清单 13-18 所示。

**代码清单 13-18　基于格的统计查询的执行计划**

```
SQL>> select count(*) from product
EXPR$0
-------------------------------------
4

SQL>> explain plan for select count(*) from product
PLAN
-------------------------------------
EnumerableAggregate(group=[{}], EXPR$0=[$SUM0($1)])
    EnumerableTableScan(table=[[LAT, m{0}]])
```

我们发现，其最终执行的查询是 select sum(1) from m{0}，这个 m{0}表是从哪里来的？我们查看 Calcite 生成的元数据，如代码清单 13-19 所示。

**代码清单 13-19　Calcite 生成的元数据**

```
# 查看所有表
TABLE_SCHEM    TABLE_NAME    TABLE_TYPE
-------------------------------------
CSV   PRODUCT    TABLE
CSV   SALE_ORDER    TABLE
LAT   m{0}    TABLE
LAT   m{1}    TABLE
LAT   star    STAR

#   m{0}表结构
tableSchema  tableName    columnName    typeName
-------------------------------------
LAT   m{0}    ID  BIGINT  NOT  NULL
LAT   m{0}    m0  BIGINT  NOT  NULL
```

从中可以发现 star、m{0}、m{1}都在 LAT 的 Schema 下，也就是我们定义的格。star 很好理解，这是我们声明的格，其类型为 STAR，代表星型模型，m{0} 和 m{1} 都是 Table 类型。

同时 m{0}有两个字段它们的字段类型都是 bigint，第一个是 product 表的 ID 字段，第二个代表每个 ID 的数量。我们查看 m{0}表的数据可知，它对原表执行了 count 操作——select id, count(id) as m0 from product，结果如代码清单 13-20 所示。

**代码清单 13-20　m{0}查询结果**

```
ID  m0
--------------------------------------
1   1
2   1
3   1
4   1
```

那么 m{1}也很好理解，其就是 product 表的第二个字段 NAME 的总数统计，如代码清单 13-21 所示。

**代码清单 13-21　m{1}查询结果**

```
NAME    m0
--------------------------------------
书籍 1
服饰 1
电子 1
食品 1
```

即使我们不定义 defaultMeasures，默认的聚合统计也是 count 函数。

## 13.4　本章小结

本章从我们熟悉的普通视图出发，它其实是通过重写表查询来实现的。接着我们意识到这样可能带来效率上的问题，所以引出了物化视图，将视图实实在在地变成一张表，其中涉及物化视图的更新。Calcite 只负责根据用户提供的元数据信息做出最佳优化，物化视图的实现是与数据源管理相关的。Calcite 发现还可以将物化视图优化得更好，于是引出了格的实现，格就是提前做一些聚合或边查询边做出推断，通过提前计算好来加快实际查询效率。同时用户可以自己定义聚合查询，让 Calcite 来拆分，虽然这个功能在实际数据库中并不常见，但在优化器框架中却是值得探索的方向，相信 Calcite 会做得更好。

第 14 章

# Calcite 在开源项目中的使用

Calcite 作为一款优秀的查询优化器已经得到市场的认可，在很多流行的开源项目中，也能够看到 Calcite 的身影。在具体的项目实践中，如何使用 Calcite 来搭建我们自己的数据管理系统呢？这些使用 Calcite 的开源项目就是重要参考。本章会介绍 3 个利用 Calcite 进行查询优化的开源项目：

- 代表传统离线数仓的 Hive；
- 主攻多维数据分析的 Kylin；
- 擅长实时数据分析的 Flink。

通过对它们集成 Calcite 方式的介绍，希望能够给需要使用 Calcite 的开发人员一些参考。

## 14.1 Hive

Hive 是一个非常有影响力的开源项目，它的内部查询优化采用了 Calcite，是一个学习 Calcite 使用方法的非常好的参考。本节将从 3 个方面来对其进行介绍：

- Hive 简介；
- Hive 架构以及执行流程；
- Hive 集成 Calcite。

### 14.1.1 Hive 简介

Hive 是一款基于 Hadoop 生态的开源数仓，用于读写和管理分布式存储上的大型数据集。其诞生是与 Hadoop 紧密相关的。图 14-1 展示了 Hive 和 Hadoop 的 Logo。Hadoop 是一款用 Java 开发的分布式文件系统，能够存储海量数据，但是简单的文件系统并不易用，针对复杂查询场景，仍然需要使用表达能力更强的方式来进行交互。

**Apache Hive**

图 14-1　Hive 和 Hadoop 的 Logo

Hive 就是为了解决这个问题而来的，它能够用简单、方便的 SQL 语句对 Hadoop 进行操作。最初 Yahoo 公司开源 Hadoop 后，大家都使用其自带的 MapReduce 来编写程序、操作数据，一些简单的功能需要编写很多代码才能完成。Hive 可以将 SQL 语句转换为 MapReduce 的代码，极大地降低程序员的工作量。同时 Hive 也提供了命令行工具和 JDBC 驱动来让用户更加便捷地操作存储在 Hadoop 中的海量数据。

## 14.1.2　Hive 架构与执行流程

在介绍 Hive 整合 Calcite 的细节前，我们需要先了解 Hive 的整体架构。图 14-2 展示了 Hive 的整体架构。正如前文所述，Hive 与 Hadoop 中的 MapReduce 以及 HDFS 有非常紧密的联系，Hive 的执行逻辑会交给 MapReduce，最终的数据读写则由 HDFS 来负责。在 Hive 内部，主要分为 UI（User Interface，用户界面）交互组件、驱动（Driver）、执行引擎（Execution Engine）、编译器（Compiler）以及元数据（MetaStore）5 个部分。

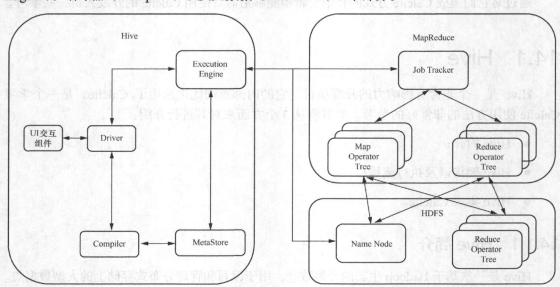

图 14-2　Hive 的整体架构

其中，UI 交互组件主要负责用户对 Hive 的操作，可以通过命令行和 JDBC/ODBC 驱动来进行访问。驱动的任务是转发用户请求以及封装回传结果。编译器的任务是将用户输入的

SQL 语句编译成可以执行的操作数据结构。这个过程就包含查询优化。因此，编译器需要与元数据进行交互。最终，生成的可执行代码会交给执行引擎，交给 MapReduce 真正开始执行查询和分析操作。

由于我们主要关注的是 Hive 的查询优化过程，因此其编译的执行流程就是重点。图 14-3 展示了 Hive 的编译执行流程。

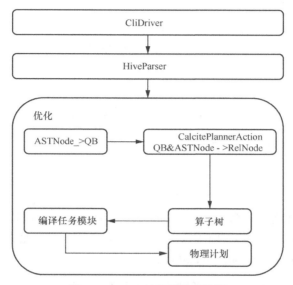

图 14-3　Hive 的编译执行流程

在这个执行流程中，由 CliDriver 接收用户传来的 SQL 语句，交给下面的 HiveParser 进行解析。SQL 语句经过解析以后会形成抽象语法树，在 Hive 中会被封装为 ASTNode 和查询块（Query Block，QB）。之后 CalcitePlannerAction 会将它们转化为基于关系模型建模的关系代数算子树——RelNode，经过 TaskCompiler 编译以后最终变成可以执行的物理计划（Physical Plan）。

## 14.1.3　Hive 集成 Calcite

要理解执行的流程，最好的方式是亲自调试源码。本小节将指出关键的代码实现和说明，帮助读者理解 Calcite 在 Hive 中的大体执行流程。

### 1. 准备阶段

首先是代码的入口。Hive 支持的官方接口形式是 SQL 语句，客户端可以是命令行，也可以是 JDBC/ODBC 等驱动，驱动会经过 HTTP 服务做鉴权和转发，而命令行可以直接在进程内调用，最终它们都会走到同一个流程。这里使用命令行入口来说明。

命令行的入口类为 hive-cli 模块的 CliDriver 类，其 run 方法用于启动一个命令行程序，如代码清单 14-1 所示。这里 Hive 采用了开源项目 JLine[1]，它的作用是接收命令行输入并输出结果到命令行。真正处理命令行输入的方法为 processCmd1(String cmd)。

代码清单 14-1　Hive 中运行命令行程序的入口方法

```
/**
 * Hive 中运行命令行程序的入口方法
 */
private CommandProcessorResponse run(String command,
                        boolean alreadyCompiled) throws CommandProcessorException {
    try {
        // 运行命令
        runInternal(command, alreadyCompiled);
        // 返回结果
        return new CommandProcessorResponse(getSchema(), null);
    } catch (CommandProcessorException cpe) {
        processRunException(cpe);
        throw cpe;
    }
}
```

除了 SQL 语句，还有普通命令，例如 quit 等退出命令，以及以感叹号开头的 Shell 命令。不过我们关注的是 SQL 语句的处理函数 processLocalCmd，也就是最终执行到 hive-exec 模块的 Driver 类（org.apache.hadoop.hive.ql.Driver）的 run 方法。

从 runInternal 方法里我们看到了最关键的处理过程——编译和执行，如代码清单 14-2 所示。

代码清单 14-2　内部运行方法

```
/**
 * 内部运行方法
 */
private void runInternal(String command, boolean alreadyCompiled)
        throws CommandProcessorException {
    ...
    compileInternal(command, true);
    execute();
    ...
}
```

正如前文所示，SQL 语句的处理流程主要分为 4 步：语法解析、校验、优化、执行。对于 Hive 来说，前 3 步都已经被封装在编译器里面。编译最终的执行逻辑在 org.apache.hadoop.hive.ql.Compiler 的 compile 方法里面，这里最重要的 2 个方法为 parse 和 analyze，如代码清单 14-3 所示。

---

1　JLine：一个用来处理控制台输入的 Java 类库。

**代码清单 14-3   SQL 语句编译的主方法逻辑**

```
/**
 * 编译方法
 */
public QueryPlan compile(String rawCommand,
                         boolean deferClose) throws CommandProcessorException {
    // 初始化
    initialize(rawCommand);
    ...
    // 解析
    parse();
    parsed = true;
    // 分析
    BaseSemanticAnalyzer sem = analyze();
    // 构建执行计划
    plan = createPlan(sem);
    // 初始化拉取数据任务
    initializeFetchTask(plan);
    // 执行计划描述信息
    explainOutput(sem, plan);
    ...
    return plan;
}
```

其中，parse 方法的作用是将 SQL 语句解析为抽象语法树，解析的模块为 hive-parser，入口类为 HiveParser，直到 Hive 3.1，Hive 仍使用 Antlr3 作为解析器，尽管 Antlr 有更新的版本。Hive 的语法文件由多个部分组成，入口为 org/apache/hadoop/hive/ql/parse/HiveParser.g。Hive 并未完全使用 Antlr 的默认节点，而是扩展了 AST 节点，如代码清单 14-4 所示。

**代码清单 14-4   Hive 中关于 AST 的扩展接口**

```
import org.antlr.runtime.tree.CommonTree;
/**
 * AST 节点扩展类
 */
public class ASTNode extends CommonTree {}
/**
 * 解析方法调用
 */
ASTNode tree = ParseUtils.parse(context.getCmd(), context);
```

解析得到 ASTNode 之后，analyze 方法才是重点，它的作用是针对当前的执行计划，结合元数据信息进行验证，如代码清单 14-5 所示。其中核心的步骤有 2 个：获取分析器、执行分析。

**代码清单 14-5   语法分析过程**

```
/**
 * 语法分析过程
 */
```

```
private BaseSemanticAnalyzer analyze() throws Exception {
    // 获取分析器
    BaseSemanticAnalyzer sem =
            SemanticAnalyzerFactory.get(driverContext.getQueryState(), tree);
    // 执行分析
    try {
        sem.startAnalysis();
        sem.analyze(tree, context);
    } finally {
        sem.endAnalysis();
    }
    return sem;
}
```

获取分析器这个过程主要是由 SemanticAnalyzerFactory 工厂类来完成的，它根据 SQL 语句的类型差异，创建不同的语义分析器。同样，DDL、DML 都有不同的分析器，而我们这里关心的是查询的分析器。当 hive.cbo.enable 为 true 时采用 CalcitePlanner，否则采用 Semantic-Analyzer。SemanticAnalyzer 是默认实现，很多分析器类都继承它，包括 CalcitePlanner。具体逻辑如代码清单 14-6 所示。

**代码清单 14-6　获取分析器**

```
/**
 * 获取分析器
 */
private static BaseSemanticAnalyzer getInternal(QueryState queryState,
                                ASTNode tree)throws SemanticException {
    // 判断语法树是否为空
    if (tree.getToken() == null) {
        throw new RuntimeException("Empty Syntax Tree");
    } else {
        HiveOperation opType = HiveOperation.operationForToken(tree.getType());
        queryState.setCommandType(opType);
        // 如果当前的语法树是 DDL 语句，则将其交给专门的 DDL 分析器类处理
        if (DDLSemanticAnalyzerFactory.handles(tree)) {
            return DDLSemanticAnalyzerFactory.getAnalyzer(tree, queryState);
        }
        switch (tree.getType()) {
            // 展示查询计划操作
            case HiveParser.TOK_EXPLAIN:
                return new ExplainSemanticAnalyzer(queryState);
            case HiveParser.TOK_EXPLAIN_SQ_REWRITE:
                return new ExplainSQRewriteSemanticAnalyzer(queryState);
            //导入导出操作
            case HiveParser.TOK_LOAD:
                return new LoadSemanticAnalyzer(queryState);
```

```
case HiveParser.TOK_EXPORT:
    if (AcidExportSemanticAnalyzer.isAcidExport(tree)) {
        return new AcidExportSemanticAnalyzer(queryState);
    }
    return new ExportSemanticAnalyzer(queryState);
case HiveParser.TOK_IMPORT:
    return new ImportSemanticAnalyzer(queryState);
case HiveParser.TOK_REPL_DUMP:
    return new ReplicationSemanticAnalyzer(queryState);
case HiveParser.TOK_REPL_LOAD:
    return new ReplicationSemanticAnalyzer(queryState);
// 查看状态操作
case HiveParser.TOK_REPL_STATUS:
    return new ReplicationSemanticAnalyzer(queryState);
case HiveParser.TOK_ALTERVIEW: {
    Tree child = tree.getChild(1);
    assert child.getType() == HiveParser.TOK_QUERY;
    queryState.setCommandType(HiveOperation.ALTERVIEW_AS);
    return new SemanticAnalyzer(queryState);
}
// 刷新统计信息操作
case HiveParser.TOK_ANALYZE:
    return new ColumnStatsSemanticAnalyzer(queryState);
case HiveParser.TOK_UPDATE_TABLE:
case HiveParser.TOK_DELETE_FROM:
    return new UpdateDeleteSemanticAnalyzer(queryState);
case HiveParser.TOK_MERGE:
    return new MergeSemanticAnalyzer(queryState);
case HiveParser.TOK_ALTER_SCHEDULED_QUERY:
case HiveParser.TOK_CREATE_SCHEDULED_QUERY:
case HiveParser.TOK_DROP_SCHEDULED_QUERY:
    return new ScheduledQueryAnalyzer(queryState);
case HiveParser.TOK_EXECUTE:
    return new ExecuteStatementAnalyzer(queryState);
case HiveParser.TOK_PREPARE:
    return new PrepareStatementAnalyzer(queryState);
// 事务相关操作
case HiveParser.TOK_START_TRANSACTION:
case HiveParser.TOK_COMMIT:
case HiveParser.TOK_ROLLBACK:
case HiveParser.TOK_SET_AUTOCOMMIT:
default:
    SemanticAnalyzer semAnalyzer = HiveConf
            .getBoolVar(queryState.getConf(),
                    HiveConf.ConfVars.HIVE_CBO_ENABLED) ?
            new CalcitePlanner(queryState) :
            new SemanticAnalyzer(queryState);
```

```
                return semAnalyzer;
            }
        }
    }
```

获取分析器后，我们主要关注其 analyze 方法，最终转到 analyzeInternal 实现上。在 Calcite-Planner 中，依然调用父类，也就是 SemanticAnalyzer 的实现，如代码清单 14-7 所示。

代码清单 14-7　具体的分析操作

```
public void analyzeInternal(ASTNode ast) throws SemanticException {
    if (runCBO) {
        super.analyzeInternal(ast, PreCboCtx::new);
    } else {
        super.analyzeInternal(ast);
    }
}
```

### 2. 分析的执行阶段

完成语句分析的准备工作以后，接下来就是正式的分析执行。在 Hive 中，这个过程可以分为以下 11 个步骤。

（1）解析抽象语法树，进行语义分析（分析创建表、创建视图的语句，获得元数据信息）。

（2）生成算子树。

（3）推导结果集的数据类型，也就是返回的每一列类型。

（4）生成解析上下文对象，以便下一步的优化和编译。

（5）判断是否创建视图。

（6）检查表连接状态。

（7）进行逻辑优化操作。

（8）检查字段连接状态。

（9）优化物理执行树，将操作逻辑移交给目标执行引擎（如 MapReduce、Tez 等）。

（10）检查是否有 CREATE TABLE AS SELECT/INSERT 语句，因为涉及数据写入。

（11）得到最终需要访问的列字段。

其中我们需要关注的是步骤（1）、（2）、（7）、（9），这几个步骤包括主要的解析、优化过程。接下来我们会对这几个步骤进行详细介绍。

首先，我们需要对 SQL 语句进行语义分析。这里会递归进行，对 CREATE TABLE AS SELECT 语句需要分析其 SELECT 语句，对 CREATE VIEW 语句需要检查是否存在循环引用等。不过最重要的是，分析的过程是为了填充 QB。QB 是 Hive 定义出来保存语义信息的类，在 Calcite 里创建 RelNode 时会用到。

接下来，需要对执行算子进行处理。所谓算子，就是处理和计算的过程。算子有很多类，比如 SelectOperator、LimitOperator、GroupbyOperator 等。算子类最主要的方法是 process，每个子类都有自己的处理方式。最终的执行逻辑也是按照这个算子树组合出来的顺序执行的。

在 CalcitePlanner 里重写了 getOPTree 方法，里面第一步就是生成逻辑计划，如代码清单 14-8 所示。这里 Frameworks.withPlanner 是 Calcite 自带的接口，用于注册用户定义的执行计划，Hive 注册的这个执行计划是 CalcitePlannerAction。

**代码清单 14-8　Hive 生成逻辑计划的代码实现**

```
/**
 * 生成逻辑计划的代码实现
 */
RelNode logicalPlan() throws SemanticException {
    RelNode optimizedOptiqPlan = null;
    Frameworks.PlannerAction<RelNode> calcitePlannerAction = null;
    if (this.columnAccessInfo == null) {
        this.columnAccessInfo = new ColumnAccessInfo();
    }
    // 构建 Calcite 执行计划执行器
    calcitePlannerAction =
            createPlannerAction(prunedPartitions,
                                ctx.getStatsSource(),
                                this.columnAccessInfo);
    try {
        optimizedOptiqPlan = Frameworks.withPlanner(calcitePlannerAction, Frameworks
                .newConfigBuilder().typeSystem(new HiveTypeSystemImpl()).build());
    } catch (Exception e) {
        rethrowCalciteException(e);
        throw new AssertionError("rethrowCalciteException didn't throw for " + e.
            getMessage());
    }
    return optimizedOptiqPlan;
}
```

CalcitePlannerAction 类里的实现方法为 apply，如代码清单 14-9 所示，其执行过程分为 5 步。

首先 Hive 会根据自己的 QB 转换成 Calcite 的 RelNode，后面就是围绕 Join 的几步优化，包含 Join 顺序优化前的准备工作、Join 顺序优化的执行以及 Join 顺序优化后的操作。当然由于物化视图的查询重写会在很大程度上影响到 Join 的顺序，因此在执行 Join 顺序优化前，也会对物化视图进行查询重写。

上述的操作应用了很多 Hive 扩展 Calcite 的优化规则，位于 org.apache.hadoop.hive.ql. optimizer.calcite.rules 包下，虽然 Calcite 本身也自带不少规则，但显然还不够。

**代码清单 14-9  CalcitePlannerAction 的执行方法实现**

```
// 生成 Calcite 的执行计划
RelNode calcitePlan = genLogicalPlan(getQB(), true, null, null);

// 执行 Join 顺序优化前的准备工作
calcitePlan =
        applyPreJoinOrderingTransforms(calcitePlan,
                                mdProvider.getMetadataProvider(),
                                executorProvider);
// 物化视图的查询重写
applyMaterializedViewRewriting(planner,
        calcitePlan,
        mdProvider.getMetadataProvider(),
        executorProvider);
// 执行 Join 顺序优化
calcitePlan =
        applyJoinOrderingTransform(calcitePlan,
                                mdProvider.getMetadataProvider(),
                                executorProvider);
// 执行 Join 顺序优化后的操作
calcitePlan = applyPostJoinOrderingTransform(calcitePlan,
        mdProvider.getMetadataProvider(),
        executorProvider);
```

除了 Calcite 的 RBO 模型，还有 CBO 模型。要扩展 Calcite 的 CBO 模型，只需要实现 org.apache.calcite.plan.RelOptCost 接口，Hive 的实现为 HiveCost，其优化步骤如下。

（1）得到 CPU 和 I/O 的规范化后的代价。

（2）将 CPU 和 I/O 的代价相加，得到总代价。

（3）如果两个优化的代数模型代价相同，再比较数据行数。

也就是说，Hive 在选择执行计划时会优先考虑 CPU 和 I/O 的延时，再考虑行数。具体实现如代码清单 14-10 所示。

**代码清单 14-10  Hive 中代价计算的逻辑**

```
public boolean isLe(RelOptCost other) {
    if ( (this.cpu + this.io < other.getCpu() + other.getIo()) ||
        ((this.cpu + this.io == other.getCpu() + other.getIo()) &&
            (this.rowCount <= other.getRows()))) {
        return true;
```

```
        }
        return false;
    }
```

在代码中，我们需要确定 CPU 和 I/O 的权重以及数据集的行数。在 Calcite 原生实现中，这个过程非常简单，位于 org.apache.calcite.rel.core.TableScan 中，将 CPU 的权重定义为行数 +1，完全不考虑 I/O 的资源占用，如代码清单 14-11 所示。

**代码清单 14-11　原生 Calcite 中对代价的计算逻辑**

```
/**
 * 计算代价的逻辑
 */
@Override
public RelOptCost computeSelfCost(RelOptPlanner planner, RelMetadataQuery mq) {
    double dRows = table.getRowCount();
    double dCpu = dRows + 1;
    double dIo = 0;
    return planner.getCostFactory().makeCost(dRows, dCpu, dIo);
}
```

而关于表的 rowCount，在 org.apache.calcite.prepare.RelOptTableImpl 里实现了，如果元数据里设置了 rowCount 参数，则直接使用，否则直接返回 100，如代码清单 14-12 所示。

**代码清单 14-12　原生 Calcite 中计算行数的实现**

```
/**
 * 获取数据集的行数
 */
public double getRowCount() {
    if (this.rowCount != null) {
        return this.rowCount;
    } else {
        if (this.table != null) {
            Double rowCount = this.table.getStatistic().getRowCount();
            if (rowCount != null) {
                return rowCount;
            }
        }

        return 100.0D;
    }
}
```

在 Hive 里自然不会这么简单，在 org.apache.hadoop.hive.ql.optimizer.calcite.RelOptHive-Table 的实现中，Hive 会考虑分区信息，将每个分区估算的数据量加起来，得到最终估算值，如代码清单 14-13 所示。

**代码清单 14-13　Hive 中行数估算的实现逻辑**

```
/**
 * 获取数据集行数的估算值
 */
@Override
public double getRowCount() {
    if (rowCount == -1) {
        if (null == partitionList) {
            computePartitionList(hiveConf, null, new HashSet<Integer>());
        }
        rowCount = StatsUtils.getNumRows(hiveConf, getNonPartColumns(), hiveTblMetadata,
            partitionList, noColsMissingStats);
    }

    return rowCount;
}
```

　　而对于 CPU 和 I/O 来说，Hive 也配置了 4 个默认的查询代价级别：无穷代价、巨大代价、很小的代价、零代价。Hive 会根据每次查询动态计算出查询代价，这就是 Hive 的代价模型——org.apache.hadoop.hive.ql.optimizer.calcite.cost.HiveCostModel。其实现目前有 2 个：Hive 默认代价模型和 Tez。默认的配置是零代价，Tez 作为一个执行引擎，加入了执行算法判断，针对不同的访问来源定义了不同权重，比如处理 CPU 数据很快，权重为 0.000001，而访问 HDFS 很慢，权重为 1.5，处理网络数据更慢，权重为 150。Hive 的代价模型如代码清单 14-14 所示。

**代码清单 14-14　Hive 的代价模型**

```
HIVE_CBO_COST_MODEL_CPU("hive.cbo.costmodel.cpu", "0.000001", "Default cost of a
comparison"),
HIVE_CBO_COST_MODEL_NET("hive.cbo.costmodel.network", "150.0", "Default cost of a
transferring a byte over network;" + " expressed as multiple of CPU cost"),
HIVE_CBO_COST_MODEL_LFS_WRITE("hive.cbo.costmodel.local.fs.write", "4.0", "Default cost of
writing a byte to local FS;" + " expressed as multiple of NETWORK cost"),
HIVE_CBO_COST_MODEL_LFS_READ("hive.cbo.costmodel.local.fs.read", "4.0", "Default cost of
reading a byte from local FS;" + " expressed as multiple of NETWORK cost"),
HIVE_CBO_COST_MODEL_HDFS_WRITE("hive.cbo.costmodel.hdfs.write", "10.0", "Default cost of
writing a byte to HDFS;" + " expressed as multiple of Local FS write cost"),
HIVE_CBO_COST_MODEL_HDFS_READ("hive.cbo.costmodel.hdfs.read", "1.5", "Default cost of
reading a byte from HDFS;" + " expressed as multiple of Local FS read cost"),
```

　　对于 Join 的查询代价，Tez 引擎的计算过程如代码清单 14-15 所示。先得到左右表的数据量，然后使用算法计算 CPU 代价，再计算 I/O 代价，这里根据不同的数据来源返回不同的 I/O 代价，最后返回 HiveCost 对象。

**代码清单 14-15　针对 Tez 引擎的代价计算实现**

```
/**
 * 代价计算
 */
@Override
```

```
public RelOptCost getCost(HiveJoin join) {
    final RelMetadataQuery mq = join.getCluster().getMetadataQuery();
    // 统计输入的数据基数
    final Double leftRCount = mq.getRowCount(join.getLeft());
    final Double rightRCount = mq.getRowCount(join.getRight());
    if (leftRCount == null || rightRCount == null) {
        return null;
    }
    final double rCount = leftRCount + rightRCount;
    // 计算 CPU 的执行代价
    ImmutableList<Double> cardinalities = new ImmutableList.Builder<Double>().
            add(leftRCount).
            add(rightRCount).
            build();
    double cpuCost;
    try {
        cpuCost = algoUtils.computeSortMergeCPUCost(cardinalities,
                join.getSortedInputs());
    } catch (CalciteSemanticException e) {
        LOG.trace("Failed to compute sort merge cpu cost ", e);
        return null;
    }
    // 计算 I/O 的代价
    final Double leftRAverageSize = mq.getAverageRowSize(join.getLeft());
    final Double rightRAverageSize = mq.getAverageRowSize(join.getRight());
    if (leftRAverageSize == null || rightRAverageSize == null) {
        return null;
    }
    ImmutableList<Pair<Double,Double>> relationInfos =
            new ImmutableList.Builder<Pair<Double,Double>>().
                    add(new Pair<Double,Double>(leftRCount,leftRAverageSize)).
                    add(new Pair<Double,Double>(rightRCount,rightRAverageSize)).
                    build();
    final double ioCost = algoUtils.computeSortMergeIOCost(relationInfos);
    // 获取结果
    return HiveCost.FACTORY.makeCost(rCount, cpuCost, ioCost);
}
```

我们注意到代码里是通过 RelMetadataQuery 来获取行数的，它与之前提到的直接在 RelOptTable 接口里获取行数的方式是有区别的。后者获取的只是表的行数，由表的元数据获取，同时不能计算其他代价；而 RelMetadataQuery 是关系表达式的元数据，其需要传入一个 RelNode 参数，返回这个 RelNode 的代价，这个代价的影响因素不仅有行数，还有最大最小行数、运行环境情况如分布式、并行度等，RelMetadataQuery 强行将这些影响因素"定死"了，但是其内部提供了相应的实现方式，也就是说 Calcite 目前只考虑元数据情况，其他因素用户可以自己去实现。

具体的实现的方式在 org.apache.calcite.rel.metadata.RelMetadataProvider 中，这是注册元

数据实现的地方，这些元数据会在查询的最开始就被注册到 Calcite 中，见 CalcitePlanner 的 warmup 方法，如代码清单 14-16 所示。

**代码清单 14-16 注册元数据的位置**

```
public static void warmup() {
    JaninoRelMetadataProvider.DEFAULT.register(HIVE_REL_NODE_CLASSES);
    HiveDefaultRelMetadataProvider.initializeMetadataProviderClass(HIVE_REL_NODE_CLASSES);
    HiveTezModelRelMetadataProvider.DEFAULT.register(HIVE_REL_NODE_CLASSES);
    HiveMaterializationRelMetadataProvider.DEFAULT.register(HIVE_REL_NODE_CLASSES);
    HiveRelFieldTrimmer.initializeFieldTrimmerClass(HIVE_REL_NODE_CLASSES);
}
```

Hive 注册了 4 个 RelMetadataProvider。我们以 HiveDefaultRelMetadataProvider 为例，这里注册的 SOURCE 其实是 org.apache.calcite.rel.metadata.MetadataHandler 的实现，这些是对 RelMetadataQuery 定义方法的实现。Hive 对该接口的实现位于 stats 包下。可以看到，Hive 提供的元数据包括 RowCount、Size 等，囊括了所有元数据，如代码清单 14-17 所示。

**代码清单 14-17 Hive 注册代价模型**

```
private static final JaninoRelMetadataProvider DEFAULT =
    JaninoRelMetadataProvider.of(
        ChainedRelMetadataProvider.of(
            ImmutableList.of(
                HiveRelMdDistinctRowCount.SOURCE,
                HiveRelMdCumulativeCost.SOURCE,
                new HiveRelMdCost(
                        HiveDefaultCostModel.getCostModel())
                    .getMetadataProvider(),
                HiveRelMdSelectivity.SOURCE,
                HiveRelMdRuntimeRowCount.SOURCE,
                HiveRelMdUniqueKeys.SOURCE,
                HiveRelMdColumnUniqueness.SOURCE,
                HiveRelMdExpressionLineage.SOURCE,
                HiveRelMdSize.SOURCE,
                HiveRelMdMemory.SOURCE,
                HiveRelMdDistribution.SOURCE,
                HiveRelMdCollation.SOURCE,
                HiveRelMdPredicates.SOURCE,
                JaninoRelMetadataProvider.DEFAULT)));
```

我们以 getRowCount 为例，看看 RelMetadataQuery 里是如何获取行数的。如代码清单 14-18 所示，RelMetadataQuery 调用的其实是 rowCountHandler 的 getRowCount 方法。在 Hive 里，这个实现类为 HiveRelMdRowCount，其实现更加丰富，可以将 RelNode 的类型进行区分，有 Join、Sort、Filter 等不同重载。

**代码清单 14-18 RelMetadataQuery 中 getRowCount 的实现**

```
public Double getRowCount(RelNode rel) {
    for (;;) {
```

```
        try {
            Double result = rowCountHandler.getRowCount(rel, this);
            return RelMdUtil.validateResult(result);
        } catch (JaninoRelMetadataProvider.NoHandler e) {
            rowCountHandler = revise(e.relClass, BuiltInMetadata.RowCount.DEF);
        }
    }
}
```

14.1.3 小节分析执行阶段的步骤（7）、（9）实际上是对算子树进行操作。所谓优化，其实是算子的转换，而物理计划的转换已经是 Hive 自身的实现，和 Calcite 关系不大。

# 14.2　Kylin

Hive 作为一个应用非常广泛的开源数仓，基于 Calcite 是可以非常好地完成自身的查询优化工作的。对于较为复杂的场景，例如多维数据运算，Calcite 也是可以支持的。本节将以使用 Calcite 的 Kylin 为例，来介绍 Calcite 在这种复杂场景下是如何使用的。

我们会从 Kylin 的架构和执行流程出发，然后分别从其 3 个组件——kylin-server-base、kylin-jdbc、kylin-query 的角度来介绍 Calcite 是如何集成到这样一个开源的多维数据分析项目中，并发挥其本身的查询优化作用的。

## 14.2.1　Kylin 简介

Kylin 是一个开源的、分布式的分析型数仓，提供 Hadoop/Spark 之上的 SQL 查询接口及多维分析（OLAP）能力以支持超大规模数据，最初由 eBay 开发并贡献至开源社区，能在亚秒内查询巨大的表。图 14-4 展示了 Kylin 的生态。

图 14-4　Kylin 的生态

　　Kylin 的主要优势有：可扩展的超快 OLAP 能力，满足多维数据运算的多维立方体构建模型，为 Hadoop 提供 SQL 支持的大部分查询交互能力，提供比 Hive 更好的性能。而这样的复杂查询优化能力则是由 Calcite 来提供的。

## 14.2.2　Kylin 架构及执行流程

　　图 14-5 展示了 Kylin 的架构。Kylin 提供了 REST API 和 SQL 这 2 种客户端访问方式，不同的应用可以选择合适的客户端，不过最终它们都是使用 SQL 进行查询的，只是一个是直接调用 REST 接口，另一个是采用封装的 JDBC、ODBC 客户端。Kylin 的核心是立方体构造，但对用户来说是透明的，用户只需要选择需要的表，写一条聚合查询 SQL 语句，然后就能体会到预计算之后带来的快速查询响应。接下来介绍 Calcite 如何支撑起 Kylin 这个 OLAP 型数据库。

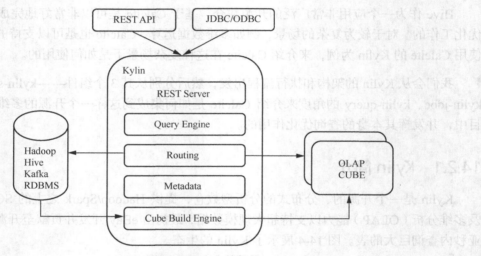

图 14-5　Kylin 的架构

## 14.2.3　Kylin 集成 Calcite

　　Kylin 对 Calcite 的集成过程对 Calcite 源码本身侵入性非常小，在 Kylin 的各个模块都能够看到 Calcite 的调用痕迹，大部分是直接引用的。本小节将从以下 3 个模块来介绍 Kylin 是如何将 Calcite 集成到自己内部的：kylin-server-base、kylin-jdbc、kylin-query。

### 1．kylin-server-base

　　Kylin 负责接收请求的模块是 kylin-server-base，这是一个 Spring[1]项目，负责接收前端和

---

1　Spring 是一个开源的 Java EE 应用程序框架，主要应用场景是互联网项目。

查询请求。该模块相当于数据库的服务层，也就是图 14-5 展示的 REST Server 部分。Kylin 请求可以分为以下几类：鉴权、查询、立方体处理、模型接口、任务接口、元数据接口、缓存、流接口、访问控制和监控等。这些也是 Kylin 的核心功能。其中用于查询的是 QueryController，里面的 query 接口负责接收查询请求，如代码清单 14-19 所示。

**代码清单 14-19　查询方法入口**

```
/**
 * 查询方法
 */
@RequestMapping(value = "/query",
        method = RequestMethod.POST,
        produces = { "application/json" })
@ResponseBody
public SQLResponse query(@RequestBody PrepareSqlRequest sqlRequest) {
    return queryService.doQueryWithCache(sqlRequest);
}
```

查询的实现位于 QueryService 类中，如代码清单 14-20 所示，其内部的查询逻辑依然是通过调用 JDBC 的方式来实现的。

**代码清单 14-20　QueryService 类中查询请求的具体实现**

```
/**
 * 执行查询请求的逻辑
 */
private SQLResponse executeRequest(String correctedSql,
                                    SQLRequest sqlRequest,
                                    Connection conn) throws Exception {
    Statement stat = null;
    ResultSet resultSet = null;
    Pair<List<List<String>>, List<SelectedColumnMeta>> r = null;
    stat = conn.createStatement();
    processStatementAttr(stat, sqlRequest);
    resultSet = stat.executeQuery(correctedSql);
    r = createResponseFromResultSet(resultSet);
    ...
}
```

针对这样的调用方式，自然离不开 Connection 对象的创建，这个任务是由 QueryConnection 的静态方法 getConnection 来负责的，如代码清单 14-21 所示。

**代码清单 14-21　获取 Connection 对象**

```
/**
 * 获取 Connection 对象
 */
public static Connection getConnection(String project) throws SQLException {
    if (!isRegister) {
```

```
        try {
            // 通过反射获取驱动对象，并将其注册到驱动管理器当中
            Class<?> aClass =
                    Thread.currentThread().getContextClassLoader()
                            .loadClass("org.apache.calcite.jdbc.Driver");
            Driver o = (Driver) aClass.getDeclaredConstructor().newInstance();
            DriverManager.registerDriver(o);
        } catch (ClassNotFoundException |
                InstantiationException |
                IllegalAccessException |
                NoSuchMethodException |
                InvocationTargetException e) {
            e.printStackTrace();
        }
        isRegister = true;
    }
    // 动态获取 model.json 文件
    File olapTmp =
            OLAPSchemaFactory.createTempOLAPJson(project,
                    KylinConfig.getInstanceFromEnv());
    Properties info = new Properties();
    info.putAll(KylinConfig.getInstanceFromEnv().getCalciteExtrasProperties());
    // 从 JDBC 客户端中获取相关的配置信息
    info.putAll(BackdoorToggles.getJdbcDriverClientCalciteProps());
    info.put("model", olapTmp.getAbsolutePath());
    info.put("typeSystem", "org.apache.kylin.query.calcite.KylinRelDataTypeSystem");
    return DriverManager.getConnection("jdbc:calcite:", info);
}
```

在这里我们可以看到以下两点信息。

（1）关于数据库驱动的调用，Kylin 直接使用原生 Calcite 的 Driver 类（org.apache.calcite. jdbc.Driver），这一点就说明了其确实是以 JDBC 的方式来调用 Calcite 的。

（2）关于 Calcite 所必需的 model.json 文件，Kylin 直接利用代码拼接出来。在代码中，这个工作是由 OLAPSchemaFactory 类的 createTempOLAPJson 方法负责的。换句话说，每次查询都会创建全新的 model.json 文件。这种方式主要是因为原生的 Calcite 需要预先将 model. json 文件定义好，而 Kylin 作为一个交互式系统，表结构可能会有变化。

上述是 Kylin 服务端的执行逻辑，具体的请求和响应都是以 JSON 的形式来交互的，如代码清单 14-22 所示。

**代码清单 14-22　请求和响应示例**

```
// 请求参数
{
    "sql":"select * from TEST_KYLIN_FACT",
    "offset":0,
    "limit":50000,
```

```
        "acceptPartial":false,
        "project":"DEFAULT",
}
// 响应结果
{
    "columnMetas":[
        {
            "isNullable":1,
            "displaySize":0,
            "label":"CAL_DT",
            "name":"CAL_DT",
            "schemaName":null,
            "catelogName":null,
            "tableName":null,
            "precision":0,
            "scale":0,
            "columnType":91,
            "columnTypeName":"DATE",
            "readOnly":true,
            "writable":false,
            "caseSensitive":true,
            "searchable":false,
            "currency":false,
            "signed":true,
            "autoIncrement":false,
            "definitelyWritable":false
        }
    ],
    "results":[
        [
            "2013-08-07",
            "32996",
            "15",
            "15",
            "Auction",
            "10000000",
            "49.048952730908745",
            "49.048952730908745",
            "49.048952730908745",
            "1"
            "
        ]
    ],
    "cube":"test_kylin_cube_with_slr_desc",
    "affectedRowCount":0,
    "isException":false,
    "exceptionMessage":null,
    "duration":3451,
    "partial":false
}
```

### 2. kylin-jdbc

kylin-jdbc 模块主要用来封装 JDBC 请求，在这里它复用了 Avatica 框架，与 Calcie 进行了深度融合。整个模块比较简单，但是对需要基于 Avatica 进行二次开发的程序员来说有很高的参考价值。

Kylin 在对 Avatica 进行扩展时，主要分为两步。

（1）修改 JDBC URL 的前缀。它是通过重写 Driver 类来实现的，将 JDBC URL 的前缀修改为 jdbc:kylin。

（2）对 Meta 和 AvaticaResultSet 进行扩展。这与我们在前文中的扩展思路类似。只是现在请求的服务端不再是原生的 Avatica，而是我们前面所说的 kylin-server-base 模块中的 query接口。它的请求客户端为 KylinClient，封装了远程查询和获取元数据的请求，如代码清单14-23 所示。其内部有 3 个实现方法，分别完成连接时鉴权、查询表元数据和执行查询的任务。注意这里的 URL 都是以/kylin/api 开头的，而前面提到 QueryController 时只有/query，是因为 Kylin 在所有接口前加上了/kylin/api 前缀，而且是可配的。

**代码清单 14-23　KylinClient 内部的实现方法**

```
// 鉴权
public void connect() throws IOException {
    HttpPost post = new HttpPost(baseUrl() + "/kylin/api/user/authentication");
    ...
}

// 获取表元数据
public KMetaProject retrieveMetaData(String project) throws IOException {
    String url = baseUrl() + "/kylin/api/tables_and_columns?project=" + project;
    HttpGet get = new HttpGet(url);
    ...
}

// 查询
private SQLResponseStub executeKylinQuery(String sql, List<StatementParameter> params,
        Map<String, String> queryToggles) throws IOException {
    String url = baseUrl() + "/kylin/api/query";
    ...
}
```

### 3. kylin-query

kylin-query 模块则负责 Kylin 的查询任务，它内部的查询优化完全采用了 Calcite 的核心模块，并对其语法进行了一些扩展。

在传递语法时，Kylin 采用 JavaCC 编写了 CommentParser.jj 文件，对 SQL 语句进行了一次整理，如代码清单 14-24 所示。在这一步，Kylin 仅仅对 SQL 语句中的注释进行了去除，并没有对其语义逻辑进行进一步的优化。可以看出，Kylin 并没有侵入 Calcite 本身。

**代码清单 14-24　Kylin 去除注释逻辑**

```
/**
 * 去除注释
 */
public static String removeCommentInSql(String sql) {
    // 只会匹配两种注释形式："--注释内容"和"/*注释内容*/"
    try {
        return new CommentParser(sql).Input().trim();
    } catch (ParseException e) {
        logger.error("Failed to parse sql: {}", sql, e);
        return sql;
    }
}
```

从传统数据库的功能覆盖的角度来看，Kylin 只支持 SELECT 操作，不支持 INSERT、UPDATE 和 DELETE 操作，它的语法只是 Calcite 语法的子集，这也是 Kylin 每次查询都重新构建 model.json 文件的原因。

从其本身的 OLAP 的角度来看，Kylin 在查询聚合方面下了非常多的功夫。它扩展了一些规则，包括投影、关联、排序和聚合等。在扩展规则时，它也扩展了很多算子。扩展这些规则和算子的主要目的就是判断是否可以下推查询到数据源，Kylin 支持 Hive、Kafka、RDBMS 等数据源，但是其构建的立方体是存储在 HBase 里的，如果查询结果并不能在立方体里直接找到，就需要从数据源查询。

当前所讲的 kylin-query 模块，就是将查询和分析进行整合的纽带，具体可以查看 enumerator 包下的实现，它关联的模块为 datasource-sdk 和 core-storage。

# 14.3　Flink

除了前面两种典型的大数据组件，实时数据处理也是近年来越来越热门的领域。Flink 作为一个优秀的实时计算框架，也采用了 Calcite 作为其内部核心的查询优化组件。本节将对 Flink 和 Flink 集成 Calcite 的方式进行介绍。

## 14.3.1　Flink 简介

Flink 是一个针对流数据和批数据的开源分布式处理引擎。图 14-6 展示了 Flink 的 Logo。Flink 最早是德国柏林工业大学的一个研究型项目，于 2014 年被 Apache 软件基金会接受，并迅速成为其顶级项目之一。Flink 擅长的领域是对流式数据的实时处理，并以此迅速成为行业内实时计算的标杆级产品。

图 14-6　Flink 的 Logo

为了兼顾产品的易用性，除了普通的编程接口，Flink 也支持了其自定义的类 SQL，这种标准 SQL 的扩展语法极大地降低了开发人员使用 Flink 的门槛。而 Flink SQL 查询优化的任务同样是由 Calcite 来完成的。

## 14.3.2　Flink 架构与执行流程

Flink 的架构如图 14-7 所示。

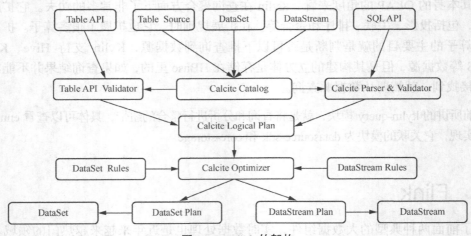

图 14-7　Flink 的架构

从 Flink 的架构可以看出，其大量地使用了 Calcite 当中的各种功能，从语法解析、校验到优化全部由 Calcite 完成，优化后的逻辑计划会转换成 DataSet Plan 或者 DataStream Plan，由 Flink 生成最终的执行计划。Flink SQL 的使用非常简单，自定义数据源之后将其注册到临时表便可以进行查询，如代码清单 14-25 所示。

**代码清单 14-25　Flink SQL 的使用方法**

```
val env = StreamExecutionEnvironment.getExecutionEnvironment
val bsSettings = EnvironmentSettings.newInstance().inStreamingMode().build()
val bsTableEnv = StreamTableEnvironment.create(env, bsSettings)
val user1 = User(1,"小方",98)
```

```
val user2 = User(1,"小明",98)
val users: DataStream[User] = env.fromCollection(Seq(user1,user2))
bsTableEnv.createTemporaryView("users",users,
    $"id",$"userName",$"Score")
bsTableEnv.executeSql("select * from users ").print()
```

## 14.3.3  Flink 集成 Calcite

SQL 语句都会经历语法解析、校验、优化、执行 4 个阶段，因此接下来也会着重介绍 Flink 是如何集成 Calcite 的各个模块的。在 Flink 当中充分发挥了 Calcite 的可插拔优势，分别用到了解析、校验、优化。每个部分完全可以独立使用。

### 1. 解析和校验阶段

在解析阶段，Flink 同样使用了 Calcite 的 SqlNode 体系来封装自身的语义信息。解析之后，Flink 会通过调用 SqlToOperationConverter.convert 方法对解析后的 SqlNode 进行校验，并将其转换为 RelNode，为下一阶段的优化做准备。最终返回的 Operation 是 Flink 对操作算子的封装，其包括 DQL、DML、DDL 等。因此通过 Operation 的类型就可以知道需要进行的操作，如代码清单 14-26 所示。这里的流程与前面讲述的原生 Calcite 的解析和校验流程是大体一致的。

**代码清单 14-26    解析和校验逻辑**

```
/**
 * 解析和校验逻辑
 */
public List<Operation> parse(String statement) {
    CalciteParser parser = calciteParserSupplier.get();
    FlinkPlannerImpl planner = validatorSupplier.get();
    // 解析当前的 SQL 语句，形成 SqlNode 树
    SqlNode parsed = parser.parse(statement);
    Operation operation =
            SqlToOperationConverter.convert(planner, catalogManager, parsed)
                    .orElseThrow(() -> new TableException(
                            "Unsupported SQL query! parse() only accepts SQL " +
                            "queries of type SELECT, UNION, INTERSECT, " +
                            "EXCEPT, VALUES, ORDER_BY or INSERT;" +
                            "and SQL DDLs of type CREATE TABLE"));
    return Collections.singletonList(operation);
}
```

### 2. 优化阶段

经过上述的算子转换，接下来 Flink 会调用 translate 方法，对上述的 SqlNode 进行优化，最终生成执行计划。在这里除了 Calcite 原生的优化规则，Flink 会根据自身的底层接口情况进行一些拓展。例如，由于 Flink 的请求最终会转化为 DataSet Plan 执行，它定义了 FlinkLogicalAggregate、FlinkLogicalSort、FlinkLogicalJoin 等算子来适配这种底层的接口，如代码清单 14-27 所示。

**代码清单 14-27　优化转换逻辑**

```
/**
 * 优化转换
 */
def translate(
    modifyOperations: util.List[ModifyOperation]): util.List[Transformation[_]] = {
        if (modifyOperations.isEmpty) {
            return List.empty[Transformation[_]]
        }
    // 转换前准备相关的环境
    getExecEnv.configure(
        getTableConfig.getConfiguration,
        Thread.currentThread().getContextClassLoader)
    overrideEnvParallelism()

    // 转换和优化执行算子
    val relNodes = modifyOperations.map(translateToRel)
    val optimizedRelNodes = optimize(relNodes)
    val execNodes = translateToExecNodePlan(optimizedRelNodes)
    translateToPlan(execNodes)
}
```

Flink 查询优化过程示例如代码清单 14-28 所示。此处展现的是经过 Calcite 优化的结果，但是如果需要 Flink 执行则需要进一步做转换。

**代码清单 14-28　Flink 查询优化过程示例**

```
//SQL 语句
select itemId from tempView where behavior='pv' order by ts

//优化前
LogicalProject(itemId=[$0])
+- LogicalSort(sort0=[$1], dir0=[ASC-nulls-first])
   +- LogicalProject(itemId=[$0], ts=[$2])
      +- LogicalFilter(condition=[=($1, _UTF-16LE'pv')])
         +- LogicalTableScan(table=[[default_catalog, default_database, tempView]])
//优化后
FlinkLogicalLegacySink(name=[collect], fields=[itemId])
+- FlinkLogicalCalc(select=[itemId])
   +- FlinkLogicalSort(sort0=[$1], dir0=[ASC-nulls-first])
      +- FlinkLogicalCalc(select=[itemId, ts],
            where=[=(behavior, _UTF-16LE'pv':VARCHAR(2147483647)
            CHARACTER SET "UTF-16LE")])
         +- FlinkLogicalDataStreamTableScan(table=[[default_catalog,
               default_database, tempView]])
//经过 Flink 优化
Calc(select=[itemId])
+- TemporalSort(orderBy=[ts ASC])
```

```
+- Exchange(distribution=[single])
   +- Calc(select=[itemId, ts],
         where=[=(behavior, _UTF-16LE'pv':VARCHAR(2147483647)
            CHARACTER SET "UTF-16LE")])
      +- DataStreamScan(table=[[default_catalog, default_database, tempView]],
            fields=[itemId, behavior, ts])
```

### 3. 执行阶段

通过上述步骤，得到最终的执行计划。执行计划会调用每个算子内部的 translateToPlan-Internal 方法，该方法内部又可以访问其子节点的 translateToPlan 方法。这是一个递归的过程，与前面介绍自定义数据源时递归调用 implement 方法拿到 SQL 具体信息的方式类似。Flink 也是通过这种递归的方式将所有算子转换为 Flink 当中的 Transformation，根据 Transformation 最终生成相应的 DataStream，如代码清单 14-29 所示。

**代码清单 14-29　最终执行逻辑**

```
/**
 * 执行逻辑
 */
override protected def translateToPlanInternal(planner: StreamPlanner):
Transformation[RowData] = {
    val inputTransform =
        getInputNodes.get(0).translateToPlan(planner)
    SelectSinkOperation sinkOperation = new SelectSinkOperation(operation);
    List<Transformation<?>> transformations = this.translate(Collections.singletonList
    (sinkOperation));
    String jobName = this.getJobName("collect");
    Pipeline pipeline =
        this.execEnv.createPipeline(transformations, this.tableConfig, jobName);
    try {
        JobClient jobClient = this.execEnv.executeAsync(pipeline);
        SelectResultProvider resultProvider = sinkOperation.getSelectResultProvider();
        resultProvider.setJobClient(jobClient);
        return TableResultImpl
            .builder()
            .jobClient(jobClient)
            .resultKind(ResultKind.SUCCESS_WITH_CONTENT)
            .tableSchema(operation.getTableSchema())
            .data(resultProvider.getResultIterator())
            .setPrintStyle(PrintStyle
                        .tableau(30, "(NULL)", true, this.isStreamingMode))
            .build();
    } catch (Exception var8) {
    throw new TableException("Failed to execute sql", var8);
    }
}
```

代码中的 transformations 便是经过执行计划转化后的关系，根据 transformations 便可以形成 StreamGraph。这样就和平常执行 API 的操作一样，根据生成的 StreamGraph 去执行。

对上述利用 Calcite 的地方总结如下：首先调用 parser 将 SQL 转换为 SqlNode，通过 validate 对元数据进行校验，然后 Flink 复用 Calcite 的大部分优化规则和自定义的 Flink 算子等，将其转化为 Flink 能够识别的执行计划。

## 14.4　本章小结

本章作为全书的最后一章，主要介绍了 Calcite 在几个开源框架中的使用情况，包括传统离线数仓 Hive、多维分析型数仓 Kylin 以及实时计算引擎 Flink。希望通过这一章的介绍，能够为读者后续的项目开发提供相关的参考。